わかりやすい官能評価と多変量解析の本

A simple guide to sensory evaluation and multivariate analysis

内田 治 著

JN194455

日本規格協会

ま え が き

　"官能評価"（官能検査）とは，人の感覚を使って，物やサービスを評価する方法のことで，実務で使われ始めてから歴史も長く，様々なデータの収集方法が提案されてきた．また，得られたデータの解析方法では，統計学を背景とした手法が用いられている．この具体的な手法は"仮説検定"（有意性検定）であり，官能評価の解析には必要不可欠なものである．

　一方，"多変量解析"と呼ばれる統計的方法がある．この方法は，先の仮説検定と解析目的は異なるが，官能評価で収集したデータの解析に非常に有効な手法である．また，多変量解析を仮説検定と組み合わせて使うことにより，官能評価の結果をより深く吟味することが可能となり，商品の改良や開発に役立つ知見を得ることが可能となる．

　本書は，官能評価のデータを多変量解析することの有用性と活用方法を解説することをねらいとした書籍である．

　本書の構成は，次のとおりである．

　第1章では，官能評価で使われる試験方法を紹介している．

　第2章では，多変量解析の方法やねらいを紹介している．また，多変量解析を適用するにあたり，事前に実施すべき解析やグラフについて解説している．

　第3章では，回帰分析の活用方法を紹介している．回帰分析は，興味のある数値を予測するための手法であり，官能評価データの解析に限らず，多くの分野で頻繁に使われる統計的方法である．回帰分析では予測をするのに有効な項目を選択することも重要な課題であり，このための統計的方法もいくつか紹介している．

　第4章では，ロジスティック回帰分析の活用方法を取り上げている．数値を予測するための手法が回帰分析であるのに対して，数値では表現できない，例えば，二つの商品のうちどちらの商品を好むかなどを予測する手法がロジスティック回帰分析である．

　第5章は，主成分分析を取り上げている．回帰分析やロジスティック回帰分析が予測を目的とした手法であるのに対して，主成分分析は，何かを予測するのではなく，消費者の分類やデータの要約をねらいとしている．

　第6章では，コレスポンデンス分析を紹介している．コレスポンデンス分析は，主成分分析と同様に，要約と分類のための手法である．この手法は，様々なタイプのデータ表に適用できるため，官能評価の解析には非常に使いやすい多変量解析の手法である．

　第7章は，多変量分散分析を紹介している．分散分析は，二つ以上の平均値を比較するための手法であり，官能評価の分野でも多用されている．分散分析で解析できるデータは，"甘さ"，あるいは"辛さ"というように，1種類だけである．これに対して，"甘さ"と"辛さ"というように，2種類以上の項目を同時に解析するときの分散分析の手法が多変量分散分析である．

　第8章は，官能評価の分野で特有の三元データの解析方法を紹介している．官能評価では，評価する人（評価者），評価される物（試料），評価される項目（特性）の三つの視点によりデータを収集する．このとき，"人""試料"，あるいは"項目"のそれぞれが複数存在するときには，三元データとなる．三元データは，二元データの形式に直すほうが多変量解析の手法を適用しやすいため，二元化するためのいくつかの方法も紹介している．

　付録には，いくつかの特殊な官能評価の方法で収集したデータを多変量解析の手法で解析する方法を紹介している．具体的には，JAR 尺度の解析方法，CATA 法，MaxDiff 法，テキストマイニング，一対比較法，距離と多次元尺度構成法を取り上げている．

　本書は，官能評価の解析方法を紹介することを目的としているため，掲載しているデータは，すべて架空の人工的なデータである．現実の解析結果とは必ずしも一致しないことをご承知いただきたい．

　さて，多変量解析の計算では，電卓や表計算ソフトウェアで実施することは難しいため，統計ソフトウェアが必要となる．本書では，SAS 社が開発した"JMP"という商用ソフトウェアを活用している．ただし，JMP 以外のユー

ザーにも役立つように書いている.

　本書では，多変量解析の活用方法に焦点を当てているため，平均値や標準偏差といった統計学の基礎的な知識については，すでに習得済みであるという前提でどの章も書かれていることをご了解いただきたい.

　本書が官能評価を実施する方々にとって，有益な書籍となれば幸いである.

　最後に，本書の企画立案から原稿の完成に至るまで，日本規格協会には大変お世話になった．ここに記して感謝の意を示す次第である.

2024 年 11 月

内田　治

目　　次

第3章　回帰分析

第4章　ロジスティック回帰分析

第5章　主成分分析

第6章　コレスポンデンス分析

第7章　多変量分散分析

第8章　三元データの多変量解析

付　　録

第1章　官能評価と統計解析

1.1　官能評価の方法

1.1.1　官能評価とは

“官能評価”とは，人の五感を使って，物のよし悪しや好き嫌いを評価することであり，“官能検査”，あるいは“官能試験”とも呼ばれている．“感性評価”と呼ばれることもある．人の“五感”とは，次の五つの感覚のことである．

① 味覚（食べる，飲む）

② 視覚（見る）

③ 嗅覚（嗅ぐ）

④ 聴覚（聞く）

⑤ 触覚（触る）

なお，五感の組合せで感じるような，自動車や飛行機，エレベーターの乗り心地などの感覚も官能評価の範疇と考えられ，このような感覚は“総合体感”と呼ばれている．

官能評価では，人が測定器の役割を果たし，測定される対象が物ということになる．しかし，調査の目的によっては，物に対する嗜好を通じて，人を評価するという官能評価も存在する．

ここで，官能評価の分野で用いる用語を説明しておこう．

官能評価において，評価する人を“評価者”と呼んでいる．評価者は“パネリスト”“検査者”と呼ばれることもある．評価する人の集まりは“パネル”と呼ばれる．評価される対象を“試料”と呼んでいる．そして，何を評価するのか，食べ物を例にとると，おいしさや硬さ（堅さ）などの人が感じる性質を“特性”と呼んでいる．官能評価の世界では，“評価者”“試料”“特性”の三つの用語が頻繁に登場することになる．

評価者は，官能評価の方法について訓練を受けた“専門家パネル”と，訓練を受けていない一般の人々の“消費者パネル”に分類される．製造した品物を

出荷してよいかどうかを検査する評価者が専門家パネルであり，開発中の品物，あるいは発売中の商品が買い手にどのように感じられているかを調査するのに使われる評価者が消費者パネルと位置付けるとよいであろう．

1.1.2　官能評価の試験方法

官能評価は，好きか嫌いかという好みを調べることを目的とする"嗜好型"と，物のよし悪しや差異を調べることを目的とする"識別型"の二つの型に大別される．識別型は"分析型"とも呼ばれる．識別型の特徴は，正解や見本が存在し，嗜好型には存在しないことである．ここで，官能評価においてよく用いられる試験方法を紹介する．

【2点嗜好法】

2種類の試料A，Bを呈示して，好ましいと感じるほうの試料を選ばせる方法を"2点嗜好法"という．

＜例＞

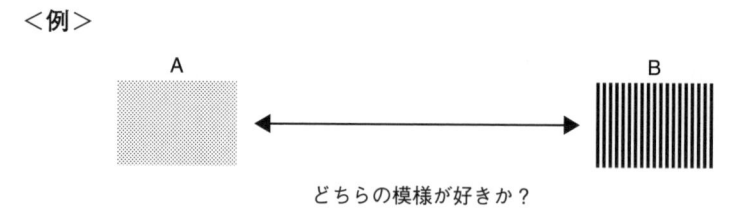

どちらの模様が好きか？

【2点識別法】

2種類の試料A，Bを呈示して，指定した特性について，特性の強度が強いと感じるほうの試料を選ばせる方法を"2点識別法"という．この方法には，正解が存在する．

＜例＞

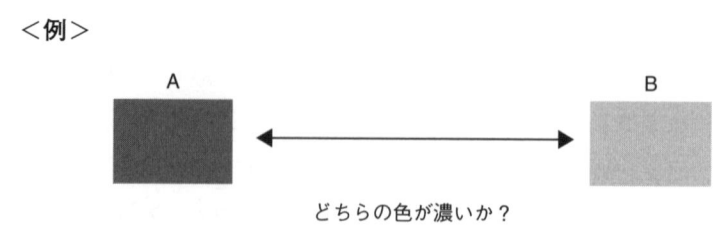

どちらの色が濃いか？

【1 対 2 点識別法】

　基準となる試料 S を評価者に呈示し，一方で，これと同じ試料 A と，これと比較すべき試料 B をそれぞれ呈示して，A と B のどちらの試料が基準となる試料と同一のものを選ばせる方法を "1 対 2 点識別法" という．この方法には，正解が存在する．

　＜例＞

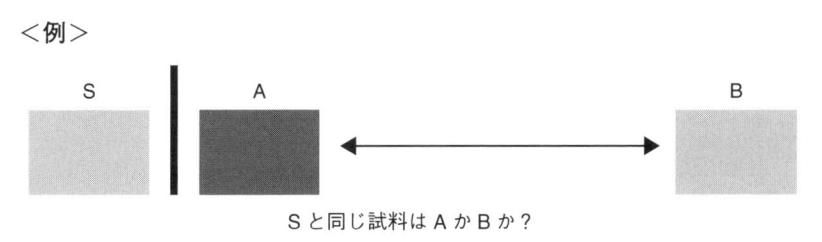

S と同じ試料は A か B か？

【3 点識別法】

　同じ試料 A を 2 点と，試料 A とは異なる試料 B を 1 点の合計 3 点を評価者に呈示し，異なる試料を選ばせる方法を "3 点識別法" という．この方法には，正解が存在する．

　＜例＞

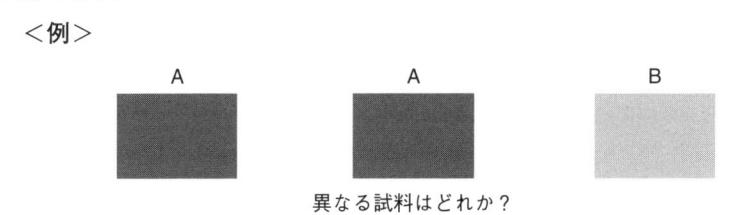

異なる試料はどれか？

　注　"A，A，B" の組合せだけでなく，"B，B，A" の組合せも考えられる．

【3 点嗜好法】

　同じ試料 A を 2 点と，試料 A とは異なる試料 B を 1 点の合計 3 点を用意する．最初に 3 点識別法を実施して，どの 1 点が異なるかを特定させる．次に，特定した 1 点と，それとは異なると判断した残りの 2 点（同じと判断した試料）を比較して，どちらが好きかを答えさせる方法である．この方法は，実務ではあまり使われていない．

【1点嗜好法】

注目している試料を1点だけ呈示して，その試料が好きか嫌いかを答えさせる方法である．

<例>

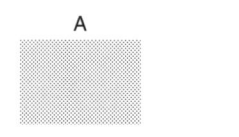

A が好きか嫌いか？

【1点識別法（A非A試験法）】

同一の評価者又は複数の評価者に試料A，又は試料Aとは異なる試料である非Aを呈示して，Aか非Aかを判断させる方法を"1点識別法"という．この試験方法は"A非A試験法"とも呼ばれている．1点識別法は，刺激が長く持続する試料を評価するときや，似ている試料をいくつも用意できないときに有効である．この試験方法には，正解が存在する．

<例>

A か A ではないか？

【選択法】

三つ以上の試料の中から最も好ましいと感じる試料を一つだけ選ばせる，あるいは，最も好ましくないものを一つだけ選ばせる場合もある．また，最も好ましい試料と，最も好ましくない試料を同時に一つずつ選ばせる方法もある．

<例>

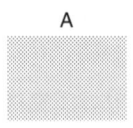  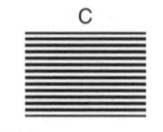 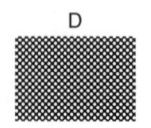

最も好きな模様はどれか？

【順位法】

三つ以上の試料に対して，好ましい順に1位，2位，3位のように順位を付けさせる．m 個の試料があるとき，試料のすべてに1位から m 位まで順位を付けさせる場合と，上位の1位から2位，あるいは3位まで，部分的に順位を付けさせる場合がある．

＜例＞

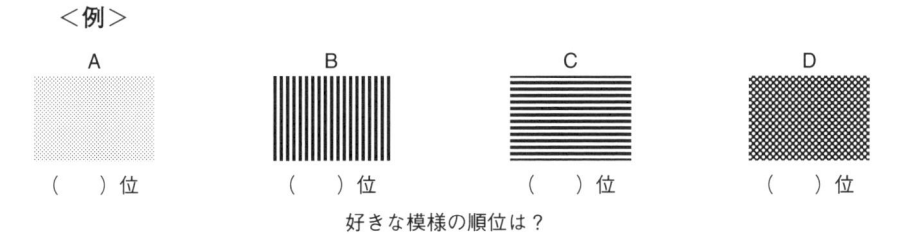

好きな模様の順位は？

【採点法】

あらかじめ用意された基準に従って試料に点数を付与する方法を "採点法" という．指定された特性の強度や好ましさを評価するために使用される．評価者は各試料に点数を付ける．点数の付け方には，ラインスケール上の位置を用いる場合や，記述的尺度のカテゴリを用いる場合がある．

＜例＞

　　5　非常においしい

　　4　おいしい

　　3　普通

　　2　まずい

　　1　非常にまずい

1.1.3　定量的記述的試験法

"定量的記述的試験法" とは，"QDA 法"(Quantitative Descriptive Analysis 法) とも呼ばれている試験方法のことである．この試験方法は，最初に専門家が製品（試料）から感じられる特徴を言葉で表現して，その言葉から "評価用

語”を作成する．評価用語は“特性”とも呼ばれる．次に，作成した評価用語の中から，専門家全体で合意が得られた用語をいくつか選び，その用語ごとに採点法により強度や嗜好を評価する試験方法である．この試験は，製品の総合的な印象や，総合的な印象に寄与する特性の決定に用いられる．

1.2　官能評価の解析

1.2.1　統計的方法の適用

官能評価で得られたデータは，統計的方法により解析することになる．官能評価の解析に使われる統計的方法を大きく分けると，“仮説検定”（有意性検定）“実験計画法”“多変量解析法”の三つとなるであろう．

実験計画法はデータの解析方法だけでなく，データの収集方法も含んでいる．例えば，味覚や嗅覚などの場合，試料の呈示順序が評価に影響を与える可能性があり，呈示順序を無作為に決めるということが行われる．次の 1.2.2 項で仮説検定について述べ，多変量解析については第2章で説明する．

1.2.2　仮説検定による解析

官能評価の解析に最も頻繁に使われる統計的方法は“仮説検定”である．これは“有意性検定”とも呼ばれている．官能評価の解析に使われる代表的な検定手法を以下に示す．

【二項検定】

2点嗜好法，2点識別法，1対2点識別法，3点識別法，1点嗜好法，1点識別法の解析には“二項検定”が用いられる．2点嗜好法では，二つの試料の好まれ方に差があるかどうかという仮説が検定され，それ以外の試験方法では，正解率が1/2を超えているか（3点識別法では，1/3を超えているか）という仮説の検定が行われる．

二つの試料に差があるかどうかという検定は“両側検定”と呼ばれ，一方の試料が他方の試料よりも好まれているかどうかという検定は“片側検定”と呼

ばれている．また，評価者の正解率が 1/2 を超えているかどうかという検定は，
評価者に識別能力があるかどうかを調べる場合と，認識できるだけの差異が二
つの試料に存在するかどうかを調べる場合があり，評価者の識別能力を調べる
ときには，同一の評価者に対して複数回の試験を行う．

【適合度検定】

複数の試料の中から，最も好ましい試料を選ばせるような "選択法" の試験
結果では，どの試料も選ばれる割合が同じかどうかを検定することになり，こ
のときには "適合度検定" と呼ばれる方法が適用される．この検定では，"χ^2
分布" と呼ばれる分布を利用することから，"適合度の χ^2 検定" とも呼ばれ
ている．

【t 検定と分散分析】

二つの試料について，採点法による結果が得られているときには，二つの試
料の平均値に差があるかどうかという検定が行われる．このときに用いる具体
的な検定方法が "t 検定" と呼ばれる方法である．

一方，三つ以上の試料について，平均値に差があるかどうかを検定するとき
には，t 検定ではなく "分散分析" と呼ばれる方法が使われる．

【相関分析】

二つの官能特性の関係（例えば，"甘さ" と "辛さ"），あるいは，官能特性
と機器測定データの関係（例えば，"甘さ" と "砂糖の量"）を調べるときには，
"相関係数" と呼ばれる数値を使った "相関分析" が使われる．相関分析は，
多変量解析を実施するときにも重要な役割を果たすことになる．

【分割表解析】

"試料の種類と性別の関係" というように，数値化できない項目同士の関係
を調べるときには，"クロス集計" と呼ばれる組み合わせた集計を実施して，

"分割表" という二元の集計表を作成する．そして，項目（特性）同士に関係があるかどうかを "独立性の χ^2 検定" と呼ばれる方法で解析する．

【ノンパラメトリック法】

順位法で得られたデータの解析には，順位をデータとして扱う "ノンパラメトリック法" と呼ばれる統計的方法が使われる．この方法は，データの分布に特定の分布を仮定しない統計的方法であるため，汎用性の高い手法であり，順位法によって得られたデータだけではなく，採点法によって得られたデータにも適用することができる．先に紹介した t 検定や分散分析は，データが正規分布しているという前提があるが，この前提に無理があるときなどにも使える．

第2章　多変量解析

2.1　多変量解析の概要

2.1.1　多変量データ

次の表2.1のデータは，20種類の果物について，6種の"栄養素の含有量"
"季節""甘さ"を示したものである．

表 2.1　*データ表*

果物	たんぱく質	脂質	炭水化物	カリウム	カルシウム	マグネシウム	季節	甘さ
A	2.9	0.33	8.7	311	32	23	春	1
B	2.1	0.40	11.4	281	30	21	春	5
C	1.9	0.29	8.5	283	27	10	春	2
D	2.7	0.42	9.0	265	33	23	春	6
E	3.0	0.42	7.4	296	34	25	春	3
F	2.6	0.22	7.7	298	32	20	夏	4
G	2.4	0.51	9.3	301	29	18	夏	5
H	2.7	0.31	6.6	286	30	19	夏	1
I	2.0	0.38	6.6	281	34	20	夏	3
J	2.2	0.27	8.1	286	27	14	夏	7
K	2.4	0.51	9.3	301	29	18	夏	4
L	2.1	0.23	9.8	310	33	21	夏	4
M	2.7	0.55	9.8	316	33	23	夏	5
N	2.5	0.32	8.9	310	35	23	秋	1
O	1.8	0.36	10.1	315	35	20	秋	4
P	3.0	0.38	9.9	343	33	25	秋	5
Q	1.7	0.20	7.2	297	33	16	秋	2
R	2.2	0.37	7.9	310	36	25	秋	4
S	2.4	0.51	9.3	301	29	18	冬	2
T	2.1	0.28	5.2	272	31	16	冬	2
(単位：	g	g	g	mg	mg	mg)		

　このデータ表には，"たんぱく質""脂質""炭水化物""カリウム""カルシウム""マグネシウム""季節""甘さ"の八つの調査項目が存在している．このように，一つの観測対象について，三つ以上の調査項目又は観察項目が存在するデータを"多変量データ"と呼んでいる．このデータ表における八つの項目のことを"変数"と呼んでいる．したがって，このデータ表は，一つの試料（果物）に対して，八つの変数についての結果が得られていることになる．

2.1.2　測定の尺度

データは，測定の尺度によって四つに分けることができる．

（1）名義尺度（分類尺度）

　季節や性別，血液型のように，大小関係や順序関係が存在しない尺度のデータを"名義尺度"のデータという．

（2）順序尺度

　官能評価やアンケート調査では，"甘さ"などを次のような段階評価で回答させる項目がある．

　　　　5　非常に甘い
　　　　4　少し甘い
　　　　3　普通
　　　　2　あまり甘くない
　　　　1　全く甘くない

　このようなデータは，種類を示すと同時に，順序の情報も含んでいる．4よりも5の食品のほうが甘いことになる．このような尺度のデータを"順序尺度"のデータという．順序尺度のデータの場合，等間隔性は保証されていない．すなわち，1，2，3，4，5の間の間隔が等しいという保証がないということである．

$$5 - 4 \neq 2 - 1$$

　したがって，順序尺度のデータを測定器で測定したデータと同じように扱う

ことは理論上問題がある．ただし，実務の場では等間隔と仮定して，機器による測定値と同じように扱ってデータの解析を行うという進め方がよくみられる．

（3）間隔尺度

順序の情報を有しているだけでなく，等間隔性も有している尺度のデータを"間隔尺度"のデータという．機器で測定されるデータは，間隔尺度のデータが多いと考えてよい．寸法や重量，面積，時間などが該当する．

（4）比例尺度

間隔尺度のデータの中で，割り算をして比をとることにも意味があるような尺度のデータを特に"比例尺度"のデータと呼んでいる．間隔尺度と比例尺度の区別は，統計解析という観点からは重要ではない．

さて，ここまで述べた四つの尺度のデータのうち，名義尺度と順序尺度のデータを"カテゴリデータ"，間隔尺度と比例尺度のデータを"数量データ"というように，二つに分けて扱うこともよくみられる．

$$\text{カテゴリデータ} \begin{cases} \text{名義尺度} \\ \\ \text{順序尺度} \end{cases} \qquad \text{数量データ} \begin{cases} \text{間隔尺度} \\ \\ \text{比例尺度} \end{cases}$$

2.1.3　変　　数

多変量解析を実施するうえで必要となる変数の種類とその役割についての知識を用語の使い方とともに説明する．

【変数の種類】

名義尺度や順序尺度のデータで構成される変数を"質的変数"，あるいは"カテゴリ変数"と呼んでいる．一方，間隔尺度や比例尺度のデータで構成される変数を"量的変数"，あるいは"数値変数"と呼んでいる．扱う変数が質

的変数であるか量的変数であるかは，多変量解析を実施するうえで，非常に重要な視点となる.

【変数の役割】

多変量データにおける変数は，結果を表す変数と原因となる変数，あるいは，予測したい変数と予測するのに使う変数というように，変数の役割によって分けることができる．"結果"を表す変数（あるいは，予測したい変数）を"目的変数"と呼び，"原因"となる変数（予測するのに使う変数）を"説明変数"と呼んでいる.

目的変数と説明変数という呼び方は，それぞれ"従属変数"と"独立変数"という呼び方をする場合もある．すなわち，"目的変数＝従属変数""説明変数＝独立変数"と考えてよい.

2.2　多変量解析の手法

2.2.1　多変量解析の目的

多変量データを解析するための手法は"多変量解析"と呼ばれ，多変量解析の中にいくつかの手法がある．多変量解析の手法は解析の目的によって，"予測と説明のための手法"と，"分類と要約のための手法"に分けることができる．予測と説明のための手法は"当てる"ための手法といえる．一方，分類と要約のための手法は"分ける"ための手法といえる.

2.2.2　予測と説明のための手法

予測と説明のための手法は，ある変数の値を他の変数の値を使って"予測したい（当てたい）"という場面で用いられる手法である．予測したい変数が存在するということは，目的変数が存在することになる．目的変数が量的変数なのか質的変数なのかによって，適用する多変量解析の手法が変わることに注意する必要がある.

（1）目的変数が量的変数のとき

“回帰分析”と呼ばれる手法が適用される．回帰分析において，説明変数が一つのときは“単回帰分析”，二つ以上のときは“重回帰分析”と呼ばれる．

回帰分析における説明変数は，量的変数と質的変数のどちらも利用することができる．例えば，体重（量的変数）と性別（質的変数）で腹囲（量的変数）を予測したいというとき，腹囲が目的変数となり，体重と性別が説明変数となる．

（2）目的変数が質的変数のとき

“ロジスティック回帰分析”又は“判別分析”と呼ばれる手法が適用される．これらの手法は，例えば，年齢（量的変数）と性別（質的変数）で食品 A を好むか嫌うか（質的変数）を予測したいというときに使われる．この場合，食品 A を好むか嫌うかが目的変数，年齢と性別が説明変数となる．

このように，目的変数が質的変数のときは好きか嫌いかというように，2 種類のうちのどちらなのかを予測したいという場合だけでなく，複数の試料のうちどれを最も好むかを予測したい，あるいは 5 段階評価のような順序尺度の値を予測したいという場合がある．

2 種類のうちのどちらなのかを予測したいときには，“二項ロジスティック回帰分析”（“二項”を省略して単に“ロジスティック回帰分析”と呼ぶことが多い．），3 種類以上のときは“多項ロジスティック回帰分析”が使われる．また，3 種類以上で順序尺度のときは“順序ロジスティック回帰分析”と呼ばれる手法が使われる．

さて，回帰分析にせよ，ロジスティック回帰分析にせよ，説明変数は，量的変数でも質的変数でもかまわないが，質的変数の場合は，例えば，性別の場合，男ならば“0”，女ならば“1”（女ならば“0”，男ならば“1”でも可）と数値化して分析を行う．このように，数値でないものを 0 と 1 で表現する方法を“ダミー変数”と呼んでいる．統計ソフトウェアの多くは，“男”“女”などと文字で入力しておけば，自動的にダミー変数を生成して解析してくれる．

2.2.3 分類と要約のための手法

分類と要約のための手法は，変数の値を使って製品や人を分ける，あるいは変数を分けるということを目的として適用される．予測したい変数は存在しないため，目的変数と説明変数という区別はない．分類と要約のための代表的な手法を次にあげておこう．

・主成分分析

・因子分析

・クラスター分析

・コレスポンデンス分析（対応分析）

"主成分分析""因子分析""クラスター分析"は，いずれも量的変数であることを前提としており，質的変数のときは"コレスポンデンス分析"が使われる．

ところで，多変量データの解析に役立つ手法として，従来からある多変量解析に加えて，"機械学習"と呼ばれる分野の手法も官能評価の解析には有効である．機械学習の代表的な手法として"決定木"（あるいは，"決定器"）という解析方法があり，これは予測と説明のための手法（2.2.2項）に属する．

2.2.4 要因解析における活用

問題としている興味のある結果があり，この結果を生み出す原因を知りたいというときに行われる統計解析を"要因解析"と呼んでいる．食品 A を好むかどうかを予測したいのではなく，"どういう人が食品 A を好むのか，どういう人が食品 A を嫌うのか"というような，何が原因なのかを知るための解析が要因解析である．

要因解析のときにも，回帰分析やロジスティック回帰分析などの予測と説明のための手法を使うことができる．ただし，回帰分析やロジスティック回帰分析の本来の使い方は予測であり，要因解析を目的とした使い方は，あくまでも応用動作であるため，要因の探索や要因候補の選定にとどめるほうがよい．

2.3 予備的解析

2.3.1 1変量の解析

多変量解析を行うときに，直ちに多変量解析を実施するのではなく，変数ごとの解析や，二つの変数ごとの解析を行うことで，外れ値（集団から飛び離れた値）の有無や分布の確認をしておくことが重要である．多変量解析前のこのような解析を"予備的解析"と呼んでいる．変数ごとの解析を"1変量の解析"，二つの変数同士の関係を解析することを"2変量の解析"と呼んでいる．1変量の解析は"量的変数"のときと"質的変数"のときとに分けられる．

【量的変数の解析】

量的変数のときには，変数ごとにヒストグラムなどによりデータをグラフ化すると同時に，平均値や標準偏差といった要約統計量を把握する．

表2.1（19ページ）のデータを使って，以下に解析結果を示そう．

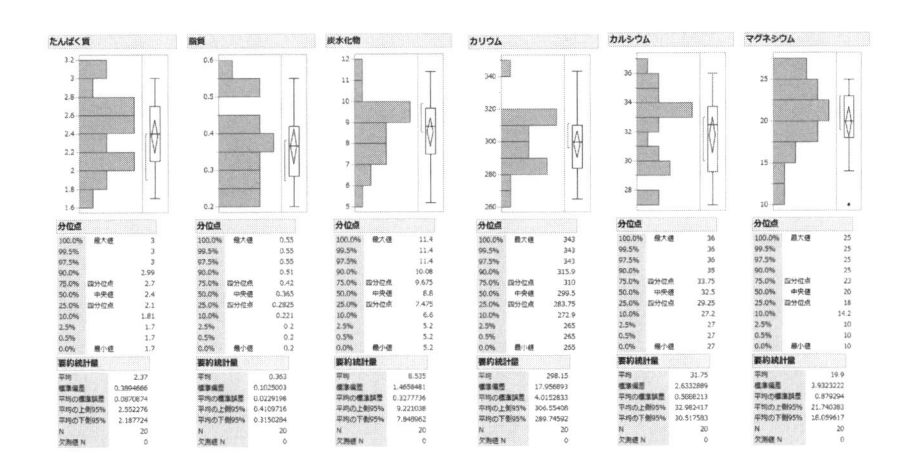

【質的変数の解析】

質的変数のときには，変数ごとに棒グラフ，帯グラフなどにより集計結果をグラフ化すると同時に，度数や割合を把握する．

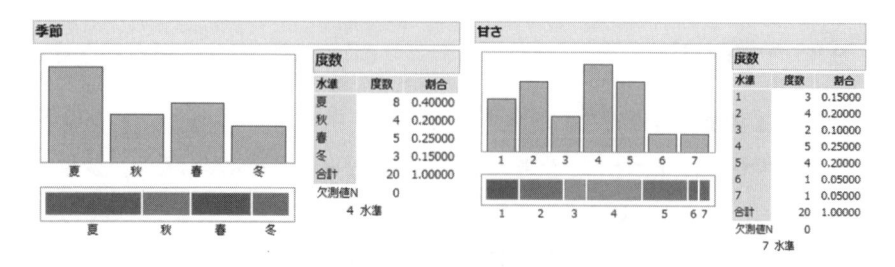

2.3.2　2変量の解析

　二つの変数ごとの解析は，量的変数同士のときは，相関係数と散布図により関係を把握する．質的変数同士のときは，分割表（クロス集計表）や帯グラフ，モザイク図により関係を把握する．

【相関行列と散布図行列】

　多変量解析では，相関係数を行列の形式で示す"相関行列"と，散布図を行列の形式で配置する"散布図行列"が使われる．

＜相関行列＞

相関

	たんぱく質	脂質	炭水化物	カリウム	カルシウム	マグネシウム
たんぱく質	1.0000	0.3544	0.0729	0.2979	0.1001	0.6131
脂質	0.3544	1.0000	0.4179	0.1487	-0.0731	0.2946
炭水化物	0.0729	0.4179	1.0000	0.4397	-0.0399	0.2545
カリウム	0.2979	0.1487	0.4397	1.0000	0.3681	0.4653
カルシウム	0.1001	-0.0731	-0.0399	0.3681	1.0000	0.7548
マグネシウム	0.6131	0.2946	0.2545	0.4653	0.7548	1.0000

　相関行列では，どの変数とどの変数の相関が"強いか"（あるいは，"弱いか"）を数値的に把握することができる．"1"に近いほど強い正の相関関係があり，"-1"に近いほど強い負の相関関係があることを示している．"0"に近いほど相関関係は弱いことになる．相関行列を視覚的に表現したものが次に示す散布図行列である．

＜散布図行列＞

散布図では，プロットされた点が右上がりの形状で布置されていれば，二つの変数の間には正の相関関係があり，右下がりの形状で布置されていれば，負の相関関係があることを示している．どちらの関係もなければ，相関関係はないということになる．

散布図は，二つの変数の間にどのような関係があるかをみるだけでなく，外れ値の有無も把握することができる．

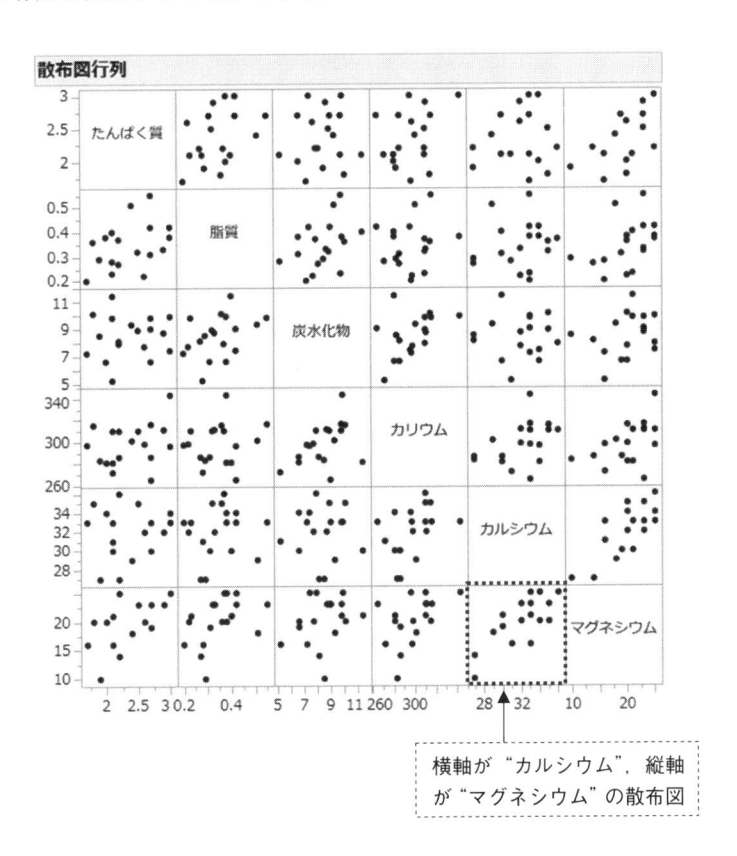

横軸が"カルシウム"，縦軸が"マグネシウム"の散布図

【モザイク図と分割表】

　質的変数同士の関係は，次に示すような"モザイク図"と"分割表"で関係を把握することになる．

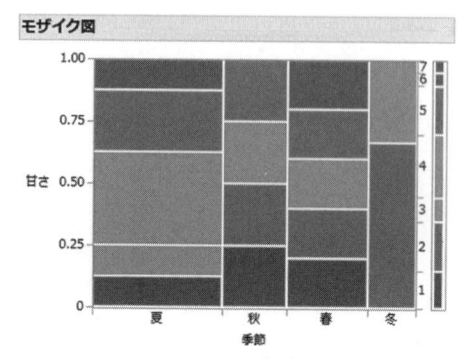

モザイク図

分割表

	甘さ							合計
度数 / 全体% / 列% / 行%	1	2	3	4	5	6	7	合計
夏 度数	1	0	1	3	2	0	1	8
全体%	5.00	0.00	5.00	15.00	10.00	0.00	5.00	40.00
列%	33.33	0.00	50.00	60.00	50.00	0.00	100.00	
行%	12.50	0.00	12.50	37.50	25.00	0.00	12.50	
秋 度数	1	1	0	1	1	0	0	4
全体%	5.00	5.00	0.00	5.00	5.00	0.00	0.00	20.00
列%	33.33	25.00	0.00	20.00	25.00	0.00	0.00	
行%	25.00	25.00	0.00	25.00	25.00	0.00	0.00	
春 度数	1	1	1	0	1	1	0	5
全体%	5.00	5.00	5.00	0.00	5.00	5.00	0.00	25.00
列%	33.33	25.00	50.00	0.00	25.00	100.00	0.00	
行%	20.00	20.00	20.00	0.00	20.00	20.00	0.00	
冬 度数	0	2	0	1	0	0	0	3
全体%	0.00	10.00	0.00	5.00	0.00	0.00	0.00	15.00
列%	0.00	50.00	0.00	20.00	0.00	0.00	0.00	
行%	0.00	66.67	0.00	33.33	0.00	0.00	0.00	
合計 度数	3	4	2	5	4	1	1	20
全体%	15.00	20.00	10.00	25.00	20.00	5.00	5.00	

　以上のように，多変量解析を実施する前に一つひとつの変数の解析（1変量の解析）と，二つの変数の組合せごとの解析（2変量の解析）を事前の予備的解析として実施することは，多変量解析の結果を読み取るうえでも，非常に有益である．

第 3 章　回帰分析

3.1　回帰分析の概要

3.1.1　回帰分析とは

異なる 2 種類のデータの関係を調べるための解析として"相関分析"があり，何らかの関係があるか無関係かを調べることができる．そこで，関係があるとわかったときに，さらに進めて，どのような関係があるかを明らかにする方法として"回帰分析"がある．

【相関分析と回帰分析】

次のデータ表は，20 種類のトマトにおける"リコピン量"（mg/100 g）と"糖度"（%）に関するデータである．

表 3.1　データ表

番号	銘柄	リコピン量	糖度	番号	銘柄	リコピン量	糖度
1	A	9.3	6.9	11	K	7.5	5.2
2	B	9.2	7.5	12	L	8.1	5.7
3	C	7.7	4.8	13	M	8.2	5.6
4	D	9.7	6.3	14	N	8.5	6.5
5	E	8.7	6.4	15	O	9.5	7.4
6	F	8.9	6.5	16	P	9.6	8.1
7	G	9.9	8.2	17	Q	9.3	6.6
8	H	8.3	5.2	18	R	8.2	6.1
9	I	9.9	7.2	19	S	7.5	5.5
10	J	8.8	7.1	20	T	7.7	6.3

このデータから "リコピン量" と "糖度" の散布図を作成することができる.

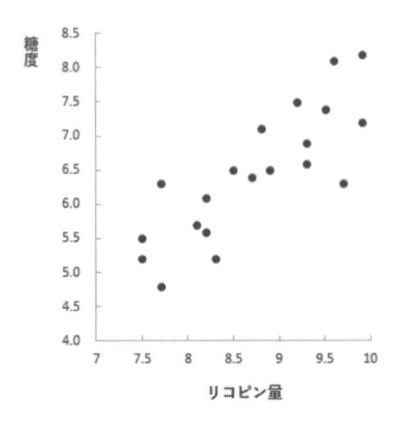

図 3.1 "リコピン量" と "糖度" の散布図

　散布図をみると, 点が右上がりに散布されて, リコピン量の多いトマトは糖度も高いという傾向がみられ, "リコピン量" と "糖度" は, 正の相関があることがわかる. ここで, リコピン量 (x) と糖度 (y) の関係を示す散布図に直線を当てはめる.

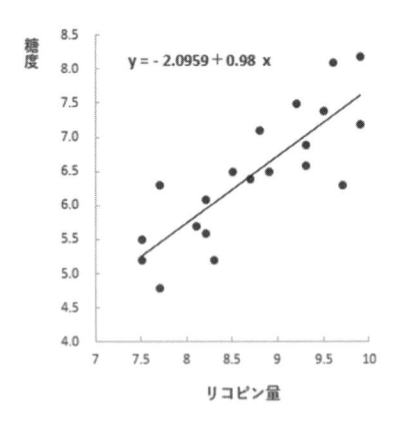

図 3.2　直線を当てはめた散布図

　直線の当てはめを最小二乗法と呼ばれる数学的な方法で行うのが"回帰分析"である．当てはめた直線を"リコピン量"に対する"糖度"の"回帰直線"と呼んでいる．この直線を式で表すと，次のようになる．

$$糖度\ y = -2.0959 + 0.98 \times リコピン量\ x$$

　この式を"回帰式"といい，回帰分析を実施することで，-2.0959 や 0.98 という具体的な数値を求めることができる．

3.1.2　回帰分析の基本

回帰分析で使われる用語と回帰分析の種類について説明しよう．

【回帰分析の用語】

x に対する y の回帰直線

$$y = b_0 + b_1 x$$

を想定した場合，回帰分析では x を"説明変数"，y を"目的変数"という．先の例では，"リコピン量"が説明変数，"糖度"が目的変数になる．

　回帰分析では説明変数の数は一つとは限らず，二つ以上の場合もある．説明変数が一つの場合を"単回帰分析"といい，二つ以上の場合を"重回帰分析"という．

　重回帰分析は，目的変数 y を k 個の説明変数 x_1, x_2, x_3, $\cdots$, x_k の 1 次式で表すこと，すなわち，

$$y = b_0 + b_1 x_1 + b_2 x_2 + \cdots + b_k x_k$$

という関係式を求める手法である．

　b_0 を"切片"（あるいは，"定数項"），b_1, b_2, $\cdots$, b_k を"（偏）回帰係数"と呼んでいる．

　x と y の間に想定する式は，1 次式だけとは限らず，様々な式が考えられる．

　特に，目的変数 y が次式のように，説明変数 x の多項式で表わせるような回帰式を"多項式回帰"という．

$$y = b_0 + b_1 x + b_2 x^2 + \cdots + b_k x^k$$

【説明変数の条件】

数値データで構成される変数を "量的変数"，数値ではなくカテゴリデータで構成される変数を "質的変数" と呼ぶ．回帰分析における目的変数は，量的変数でなければならない．一方，説明変数は，量的変数，質的変数のどちらでもよい．ただし，質的変数のときは，例えば，性別の場合，男ならば "0"，女ならば "1"（あるいは，女ならば "0"，男ならば "1"）というように変換する必要がある．数値でないものを "0" と "1" だけで表現する変数を "ダミー変数" と呼んでいる．

目的変数が数値でないときには，"ロジスティック回帰分析" と呼ばれる特殊な回帰分析が使われる．ロジスティック回帰分析は第 4 章で取り上げる．

また，回帰分析に用いるデータ表において，行の数 n は，説明変数の数 k より多くなければ，回帰分析の解を求めることができない．具体的には，

$$n > k + 1$$

が成立している必要がある．この条件が成立していないときには，"PLS 回帰"（Partial Least Squares regression：偏最小二乗回帰）と呼ばれる手法を用いるとよい（3.3.3 項，52 ページ参照）．

3.2 単回帰分析の活用

3.2.1 機器測定値と官能評価値

回帰分析の活用例として，機器による測定値を使って人の感覚による官能評価の値を予測する式の作成例を紹介する．

■例 3.1

硬さの異なる 5 種類のトマト A_1，A_2，A_3，A_4，A_5 を用意して，それぞれのトマトについて，4 人ずつの評価者に硬さを手触りで評価してもらった．

手触りによる評価は，次のような 7 段階評価とした．

    1 非常に柔らかい

    2 柔らかい

3 やや柔らかい

4 どちらともいえない

5 やや硬い

6 硬い

7 非常に硬い

評価にあたっては，最初に基準とするトマト A_0 を呈示して，その硬さを4とした．一方で，5種類のトマトについて，機器（硬度計）測定による硬さの測定も実施した．

このデータを使って，目的変数を官能評価値（手触りによる硬さ）y，説明変数を機器測定値（硬度計による硬さ）x として，単回帰分析を実施する．

表 3.2 実験データ表

A_1	A_2	A_3	A_4	A_5
0.8	0.9	1.0	1.1	1.2
1	3	4	5	6
2	3	5	5	5
3	3	5	6	6
3	4	5	6	7

【単回帰分析の結果】

以上から，次のような散布図と回帰直線が得られる．

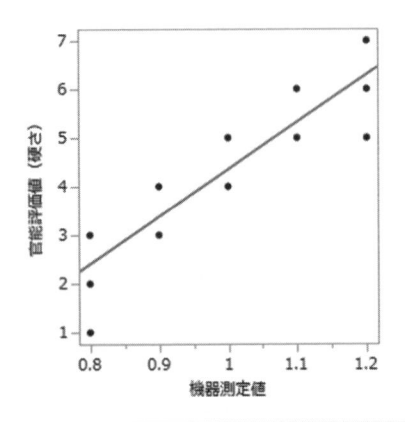

直線のあてはめ

官能評価値（硬さ）＝ -5.4 + 9.75*機器測定値

あてはめの要約

R2乗	0.816864
自由度調整R2乗	0.806689
誤差の標準偏差(RMSE)	0.688194
Yの平均	4.35
オブザベーション(または重みの合計)	20

あてはまりの悪さ(LOF)

要因	自由度	平方和	平均平方	F値
あてはまりの悪さ(LOF)	3	1.2750000	0.425000	0.8793
純粋誤差	15	7.2500000	0.483333	p値(Prob>F)
合計誤差	18	8.5250000		0.4739
				最大R2乗
				0.8443

分散分析

要因	自由度	平方和	平均平方	F値
モデル	1	38.025000	38.0250	80.2874
誤差	18	8.525000	0.4736	p値(Prob>F)
全体(修正済み)	19	46.550000		<.0001*

パラメータ推定値

項	推定値	標準誤差	t値	p値(Prob>|t|)
切片	-5.4	1.098958	-4.91	0.0001*
機器測定値	9.75	1.08813	8.96	<.0001*

官能評価値 $y = -5.4 + 9.75 \times$ 機器測定値 x

という回帰式が得られる. 回帰式のよさを表す R^2(寄与率)の値は, 0.816864 となっている. これは, 官能評価値の変動の約82%を機器測定値の変動で説明 できることを意味しており, 1に近いほど, 良好な式であるといえる. 一般的 には, 0.5〜0.7以上であれば, よい結果が得られていると考えてよいであろう.

機器測定値の P 値とは, 得られた結果が偶然得られたものであるか, 統計 的に意味があるものであるかを判定する指標のことで, 偶然得られたと判定す るときには"有意でない", 偶然ではなく統計的に意味があると判定するとき には"有意である"と表現する. P 値が小さいときに有意であると判定する. 小さいかどうかという基準を"有意水準"と呼び, 慣習として0.05（5%）と いう値が使われる. この例では"< 0.0001"となっており, 0.05より小さい ため, 有意であると判定される.

単回帰分析では, 母回帰式の95%信頼区間や個々の予測値の95%予測区間 を求めることができる.

回帰分析において, 使用するデータが異なれば, 回帰直線や回帰式も異なっ たものとなる. したがって, データを取り直すたびに, 異なる回帰直線が得ら れることになる. 母回帰式の95%信頼区間は, 回帰直線を95%の確率で含む 領域と考えるとよい. この領域が広いと, 得られた回帰直線の信頼性が低いと いうことになる.

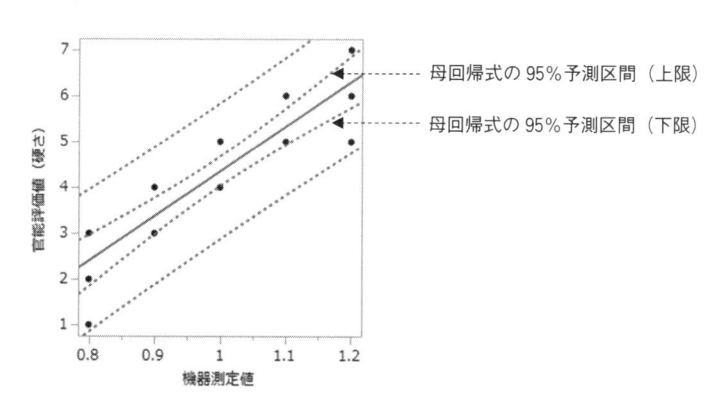

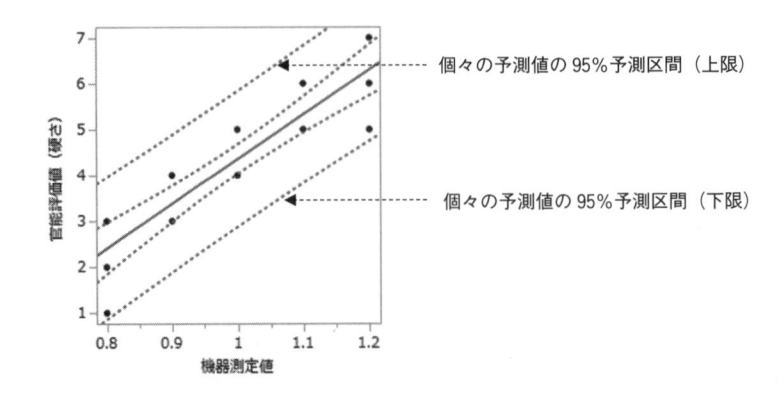

　回帰直線や回帰式によって，機器測定値（x）がある特定の値のときの官能評価値（y）を予測することができる．しかし，yの値を誤差なく正確に予測できるわけではない．そこで，yの値を区間で予測しようとするときに役に立つのが95％予測区間である．この区間は，特定のxの値のときのyの値を見積もるときに有効である．

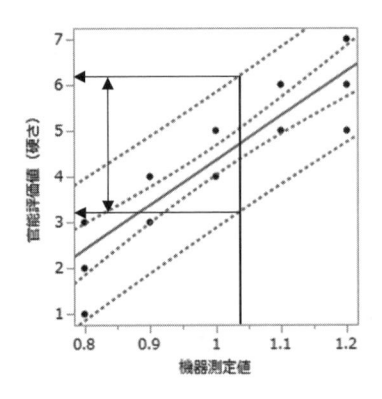

　単回帰分析では，xがある特定の値のときのyの値を予測することが第一の目的であるが，所望するyの値を得るには，xの値をいくつにすればよいかという逆の予測をしたいという場面もある．このようにyからxを予測する，いわゆる逆の予測を"逆推定"という．

いま，官能評価値で6が得られるようにしたいとしよう．

　　　官能評価値 $y = -5.4 + 9.75 \times$ 機器測定値 x

という回帰式から，

　　　$6 = -5.4 + 9.75 \times$ 機器測定値 x

となる．この関係から，

　　　機器測定値 $x = 11.4/9.75 = 1.169231$

が得られる．区間で考えると，$1.017224 \sim 1.340928$ となる．

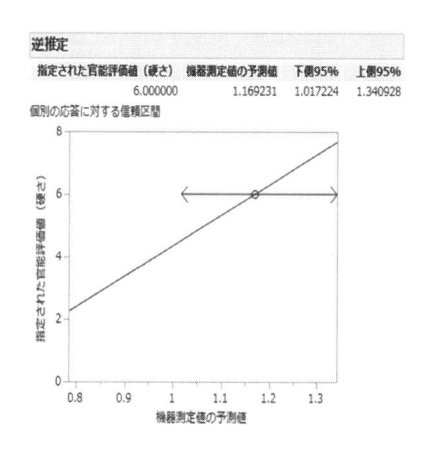

3.2.2　多項式回帰

　目的変数 y と説明変数 x の関係は常に直線関係になるとは限らず，2次曲線の関係になることも頻繁に起こる．このようなときには，回帰式として2次式，あるいは3次以上の式を想定する必要があり，2次式以上の回帰式を当てはめる回帰分析を“多項式回帰”と呼んでいる．

■例 3.2

　例3.1において，トマトのおいしさもあわせて評価したとしよう．おいしさの評価は，次のような7段階評価とした．

　　　1　非常にまずい
　　　2　まずい

3 ややまずい

4 どちらともいえない

5 ややおいしい

6 おいしい

7 非常においしい

その結果が次の表3.3のように得られている．このデータを回帰分析してみたい．

表3.3 実験データ表

A_1	A_2	A_3	A_4	A_5
0.8	0.9	1.0	1.1	1.2
1	6	7	3	1
3	5	6	5	1
3	5	6	4	2
2	4	5	3	2

【2次曲線】

この実験データをグラフ化すると，次のような散布図になる．

このようなデータに，

$$官能評価値（おいしさ）= b_0 + b_1 \times 機器測定値$$

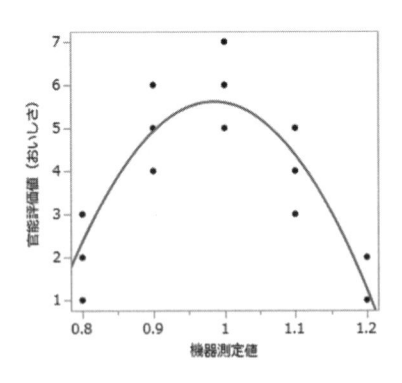

という回帰式（これは，直線となる．）を想定して単回帰分析を適用しても，よい結果は得られない．そこで，

$$官能評価値（おいしさ）= b_0 + b_1 \times 機器測定値 + b_1 \times 機器測定値^2$$

という回帰式を想定する．このような2次式や3次以上の式を考えた回帰分析を"多項式回帰"という．

【多項式回帰の結果】

$$官能評価値（おいしさ）= 8.3428571 - 2.75 \times 機器測定値$$
$$- 94.642857 \times （機器測定値 - 1)^2$$

という回帰式が得られる．回帰式のよさを表す R^2（寄与率）の値は，0.80341 となっている．2乗項の P 値は 0.001 未満となっており，有意である[*1]．

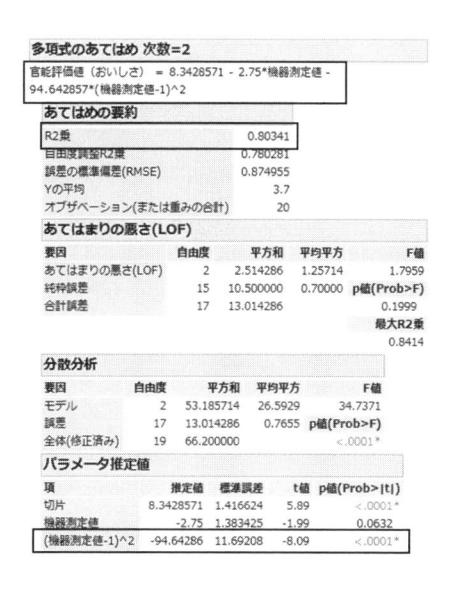

多項式のあてはめ 次数=2

官能評価値（おいしさ）= 8.3428571 - 2.75*機器測定値 - 94.642857*(機器測定値-1)^2

あてはめの要約

R2乗	0.80341
自由度調整R2乗	0.780281
誤差の標準偏差(RMSE)	0.874955
Yの平均	3.7
オブザベーション（または重みの合計）	20

あてはまりの悪さ(LOF)

要因	自由度	平方和	平均平方	F値
あてはまりの悪さ(LOF)	2	2.514286	1.25714	1.7959
純粋誤差	15	10.500000	0.70000	p値(Prob>F)
合計誤差	17	13.014286		0.1999
				最大R2乗
				0.8414

分散分析

要因	自由度	平方和	平均平方	F値
モデル	2	53.185714	26.5929	34.7371
誤差	17	13.014286	0.7655	p値(Prob>F)
全体(修正済み)	19	66.200000		<.0001*

パラメータ推定値

項	推定値	標準誤差	t値	p値(Prob>|t|)
切片	8.3428571	1.416624	5.89	<.0001*
機器測定値	-2.75	1.383425	-1.99	0.0632
(機器測定値-1)^2	-94.64286	11.69208	-8.09	<.0001*

[*1]　2乗の項が"機器測定値"ではなく，"機器測定値 - 1"となっている．引いている1は，説明変数である機器測定値の平均値である．平均値を引いてから2乗することで，1次の項と，2次の項（2乗の項）が強い相関をもたないようにしている．このほうが安定した式が得られるからである．

3.3　重回帰分析の活用

3.3.1　重回帰分析の基本

説明変数が二つ以上あるときの回帰分析である"重回帰分析"の実施例を紹介して，結果の見方を解説する．

■例 3.3

22 種類のチョコレートを六つの項目（くちどけ，甘味，酸味，塩味，苦味，総合）について，複数の専門家が話し合って，好ましさを 7 段階で評価した．7 が非常に好ましく，1 が全く好ましくないとした．調査の結果，次の表 3.4 のようなデータが得られた．

表 3.4　データ表

チョコレート	くちどけ	甘味	酸味	塩味	苦味	総合
A_1	3	3	2	5	3	3
A_2	6	6	6	5	6	4
A_3	3	3	3	3	2	1
A_4	5	5	4	5	4	5
A_5	2	2	1	3	3	2
A_6	3	3	2	3	3	3
A_7	6	6	3	4	3	5
A_8	4	4	6	6	4	3
A_9	7	7	5	7	4	7
A_{10}	2	2	3	3	5	5
A_{11}	7	7	6	7	6	7
A_{12}	5	5	4	3	4	3
A_{13}	6	6	4	5	6	6
A_{14}	7	7	7	7	6	7
A_{15}	5	5	5	7	7	7
A_{16}	5	4	3	4	7	5
A_{17}	1	1	2	1	1	1
A_{18}	6	6	3	3	6	6
A_{19}	5	5	4	5	4	6
A_{20}	5	5	3	4	4	5
A_{21}	2	3	1	2	2	2
A_{22}	3	4	4	5	5	5

　総合（おいしさ）を目的変数，"くちどけ""甘味""酸味""塩味""苦味"を説明変数とする重回帰分析を実施する．

【事前の予備的解析】

目的変数を総合にして，説明変数ごとに単回帰分析を実施する．

＜ 1. "くちどけ" を説明変数とする単回帰分析の結果＞

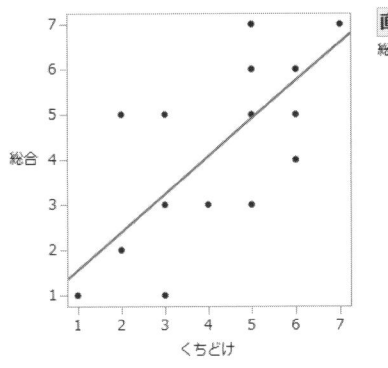

直線のあてはめ

総合 = 0.7054974 + 0.841623*くちどけ

あてはめの要約

R2乗	0.61918
自由度調整R2乗	0.600139
誤差の標準偏差(RMSE)	1.229997
Yの平均	4.454545
オブザベーション(または重みの合計)	22

分散分析

要因	自由度	平方和	平均平方	F値
モデル	1	49.196692	49.1967	32.5183
誤差	20	30.257853	1.5129	p値(Prob>F)
全体(修正済み)	21	79.454545		<.0001*

パラメータ推定値

項	推定値	標準誤差	t値	p値(Prob>|t|)
切片	0.7054974	0.707812	1.00	0.3308
くちどけ	0.841623	0.147589	5.70	<.0001*

＜ 2. "甘味" を説明変数とする単回帰分析の結果＞

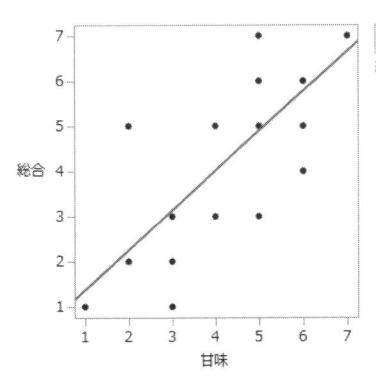

直線のあてはめ

総合 = 0.4860415 + 0.8818898*甘味

あてはめの要約

R2乗	0.621561
自由度調整R2乗	0.602639
誤差の標準偏差(RMSE)	1.226147
Yの平均	4.454545
オブザベーション(または重みの合計)	22

分散分析

要因	自由度	平方和	平均平方	F値
モデル	1	49.385827	49.3858	32.8486
誤差	20	30.068719	1.5034	p値(Prob>F)
全体(修正済み)	21	79.454545		<.0001*

パラメータ推定値

項	推定値	標準誤差	t値	p値(Prob>|t|)
切片	0.4860415	0.740122	0.66	0.5189
甘味	0.8818898	0.153871	5.73	<.0001*

< 3. "酸味"を説明変数とする単回帰分析の結果 >

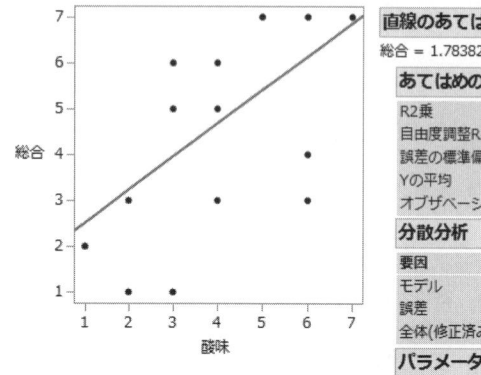

直線のあてはめ

総合 = 1.7838271 + 0.7253803*酸味

あてはめの要約

R2乗	0.375969
自由度調整R2乗	0.344768
誤差の標準偏差(RMSE)	1.574517
Yの平均	4.454545
オブザベーション(または重みの合計)	22

分散分析

要因	自由度	平方和	平均平方	F値
モデル	1	29.872480	29.8725	12.0497
誤差	20	49.582066	2.4791	p値(Prob>F)
全体(修正済み)	21	79.454545		0.0024*

パラメータ推定値

項	推定値	標準誤差	t値	p値(Prob>|t|)
切片	1.7838271	0.839422	2.13	0.0462*
酸味	0.7253803	0.208967	3.47	0.0024*

< 4. "塩味"を説明変数とする単回帰分析の結果 >

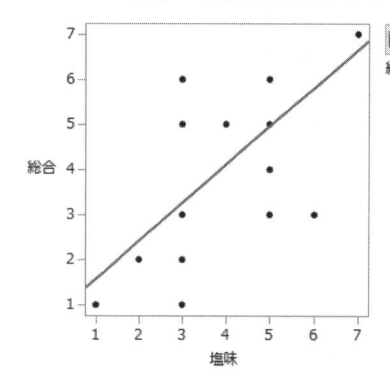

直線のあてはめ

総合 = 0.7220163 + 0.846553*塩味

あてはめの要約

R2乗	0.553068
自由度調整R2乗	0.530722
誤差の標準偏差(RMSE)	1.332493
Yの平均	4.454545
オブザベーション(または重みの合計)	22

分散分析

要因	自由度	平方和	平均平方	F値
モデル	1	43.943797	43.9438	24.7496
誤差	20	35.510749	1.7755	p値(Prob>F)
全体(修正済み)	21	79.454545		<.0001*

パラメータ推定値

項	推定値	標準誤差	t値	p値(Prob>|t|)
切片	0.7220163	0.802257	0.90	0.3788
塩味	0.846553	0.170165	4.97	<.0001*

＜ 5.　"苦味" を説明変数とする単回帰分析の結果＞

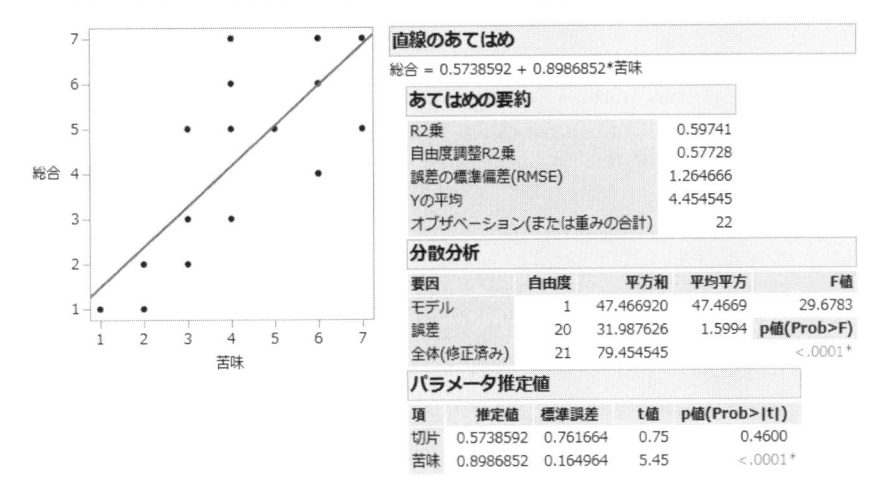

単回帰分析の結果を整理すると，次のようになる．

説明変数	回帰式	R^2
くちどけ	総合 = 0.7054974 + 0.841623　×くちどけ	0.61918
甘味	総合 = 0.4860415 + 0.8818898 ×甘味	0.621561
酸味	総合 = 1.7838271 + 0.7253803 ×酸味	0.375969
塩味	総合 = 0.7220163 + 0.846553　×塩味	0.553068
苦味	総合 = 0.5738592 + 0.8986852 ×苦味	0.59741

"甘味" を使った単回帰分析の R^2 値が最も高く，"酸味" の R^2 値が最も低くなっている．また，どの回帰係数の符号も正の値となっている．

重回帰分析においては，説明変数同士の相関関係も重要になる．そこで，散布図行列と相関行列を吟味しておくことにする．

＜ 6.　相関行列と散布図行列＞

"くちどけ" と "甘味" の相関係数が 0.9788 となっていて，相関が強いことがわかる．

相関

	くちどけ	甘味	酸味	塩味	苦味
くちどけ	1.0000	0.9788	0.7195	0.7035	0.6389
甘味	0.9788	1.0000	0.7245	0.7131	0.5975
酸味	0.7195	0.7245	1.0000	0.8112	0.6098
塩味	0.7035	0.7131	0.8112	1.0000	0.6020
苦味	0.6389	0.5975	0.6098	0.6020	1.0000

相関はリストワイズ法によって推定されました。

散布図行列

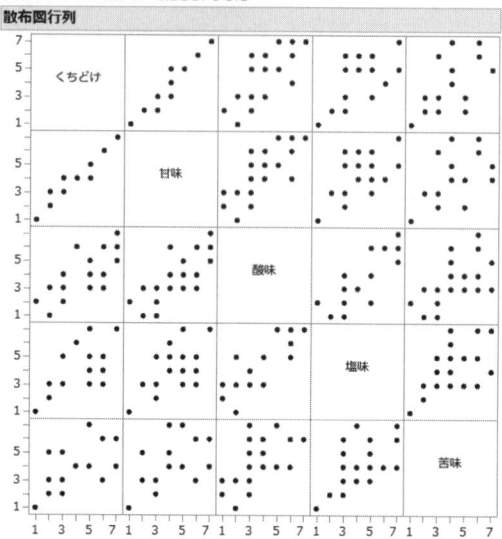

【重回帰分析の結果】

＜1．R^2（寄与率）と回帰式＞

あてはめの要約

R2乗	0.818811
自由度調整R2乗	0.762189
誤差の標準偏差(RMSE)	0.948562
Yの平均	4.454545
オブザベーション(または重みの合計)	22

パラメータ推定値

項	推定値	標準誤差	t値	p値(Prob>|t|)	VIF
切片	-0.831315	0.672995	-1.24	0.2346	.
くちどけ	-0.225251	0.589478	-0.38	0.7074	26.822847
甘味	0.7467278	0.608516	1.23	0.2375	26.132796
酸味	-0.391432	0.23389	-1.67	0.1136	3.4516833
塩味	0.4579983	0.221157	2.07	0.0549	3.3331678
苦味	0.5443958	0.174614	3.12	0.0066*	1.9915901

次のような回帰式が得られる.

$$総合 = -0.831315 - 0.225251 \times くちどけ$$
$$+ 0.7467278 \times 甘味$$
$$- 0.391432 \times 酸味$$
$$+ 0.4579983 \times 塩味$$
$$+ 0.5443958 \times 苦味$$

R^2（寄与率）は，0.818811 となっている．これは，総合の変動の約 82% が "くちどけ""甘味""酸味""塩味""苦味" の五つの変数で説明できることを意味している．ただし，重回帰分析においては，R^2（寄与率）の値よりも，自由度調整 R^2 の値のほうを重視すべきであり，この値は 0.762189 となっている．

　回帰式をみると，"くちどけ" と "酸味" の回帰係数がマイナスとなっている．これは，"くちどけ" や "酸味" の好ましさがよいほど，総合的な点数が悪くなるという解釈になり，不可解な結論となる．また，単回帰分析のときに回帰係数がプラスであったこととも矛盾する．

　このような現象が起こる原因の一つに "多重共線性" がある．これは説明変数同士の相関が強い状態のことを示している．この状態を診断するための指標として，"VIF"（Variance Inflation Factor：分散拡大要因）がある．VIF は，当該変数が他の説明変数とどの程度関連しているかをみるもので，10 以上は好ましくないという目安がある．このことから，"くちどけ" と "甘味" を同時に使わないほうがよいであろうと判断される．

　酸味の VIF は 3.4516833 で，問題視するほど大きな値ではないが，符号は不可解である．このような変数も回帰式には含めたくない．

　以上のことから，"くちどけ""甘味""酸味" を説明変数から除いた回帰式を考えたくなるが，直ちに除くのではなく，"ステップワイズ法" や "総当たり法" と呼ばれる方法で変数選択を行うとよい．変数選択の方法については，次の 3.3.2 項で説明する.

＜2. 残差の検討＞

回帰式を用いて予測した目的変数の値と実際の目的変数の値との差を"残差"という.

残差 ＝（実際の目的変数の値）－（予測した目的変数の値）

回帰分析において，残差は正規分布に従うことを前提としているため，このことを確認することは重要な作業であり，外れ値の発見などにも有効である. 残差のヒストグラムと正規分位点プロット（正規確率プロット）は，次のように得られる.

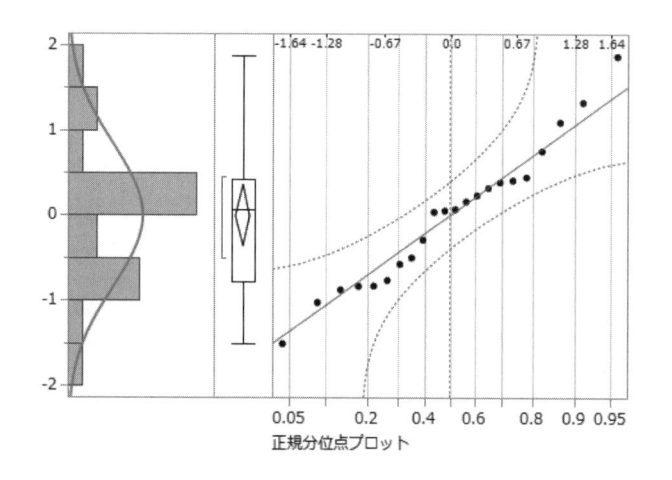

正規分位点プロットをみると，ほぼ直線的に布置しており，正規分布とみなしてもよさそうである. 同時に，参考までに正規性の検定結果をみておく.

適合度検定		
	W	p値(Prob<W)
Shapiro-Wilk	0.9736933	0.7947
	A²	シミュレーション p値
Anderson-Darling	0.2793499	0.6412

注: Ho ＝ 正規分布からのデータ. p値が小さい場合はHoを棄却.

正規性の検定としては，"Shapiro-Wilk 検定" と "Anderson-Darling 検定"

がある．Shapiro-Wilk 検定の P 値は 0.7947，Anderson-Darling 検定の P 値は 0.6412 で，いずれも 0.05 よりも大きな値になっており，有意ではない．すなわち，残差の正規性を否定するものではない．

　残差の検討は，残差の分布だけでなく，各説明変数と残差，予測値と残差の関係を散布図で確認することも重要である．残差との関係は無関係であることが望ましく，何らかの関係がみられるときには，回帰モデルの妥当性を疑う必要がある．

　以下に，各説明変数と残差の散布図（①〜⑤），目的変数の予測値と残差の散布図（⑥）をみていく．いずれの散布図にも顕著なくせや関係はみられない．

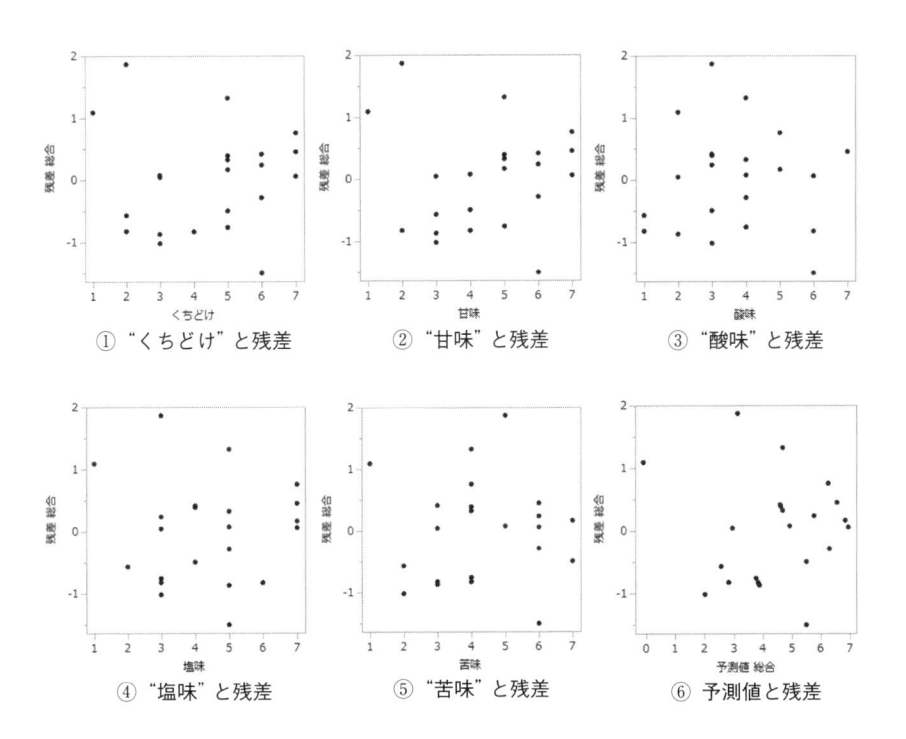

① "くちどけ"と残差　　② "甘味"と残差　　③ "酸味"と残差

④ "塩味"と残差　　⑤ "苦味"と残差　　⑥ 予測値と残差

3.3.2 変数選択

取り上げた説明変数は，すべて目的変数に寄与しているであろうという前提で解析を進めるが，実際には，目的変数に寄与しない説明変数を取り上げてしまうことがある．回帰分析においては，有効な説明変数は取り込まれ，不要な変数は取り込まれていない回帰式を作成したい．そこで，有効な説明変数を選択するための統計的方法が提唱されている．この方法として，"ステップワイズ法"と"総当たり法"がある．

ステップワイズ法とは，説明変数のP値，あるいはF値[*2]に基づいて，有効か不要かを判断して，説明変数の取捨選択を行う方法である．ステップワイズ法には，重要な説明変数から一つずつ増加させていく"変数増加法"，一度すべての変数を使った回帰分析を実施してから有効でない変数から一つずつ減少させていく"変数減少法"，増加法と減少法を組み合わせた"変数増減法"があるが，実際に利用されるのは変数増減法が多く，ステップワイズ法というと変数増減法を指すと考えてよい．

総当たり法とは，説明変数のあらゆる組合せで回帰式を作成して，最もよい回帰式を選択する方法である．あらゆる組合せを考えるので，説明変数の数がk個のときは，$2^k - 1$個の回帰式を考えることになり，説明変数の数が多いときには現実的な方法ではないが，説明変数の数が5個までならば，実践してもよいであろう．

■例 3.4

例3.3（40ページ）のデータに対して，ステップワイズ法と総当たり法で変数選択を実施する．

＜1．ステップワイズ法の結果＞

JMPを使って，ステップワイズ法を説明していこう．JMPでは，最初に次の画面が現れる．

[*2] P値を算出する元になる数値であり，大きいほど目的変数への寄与度が大きい．

ロック	追加	パラメータ	推定値	自由度	平方和	"F値"	"p値(Prob>F)"
☑	☑	切片	4.45454545	1	0	0.000	1
☐	☐	くちどけ	0	1	49.19669	32.518	1.4e-5
☐	☐	甘味	0	1	49.38583	32.849	1.31e-5
☐	☐	酸味	0	1	29.87248	12.050	0.00241
☐	☐	塩味	0	1	43.9438	24.750	7.28e-5
☐	☐	苦味	0	1	47.46692	29.678	2.48e-5

P 値の最も小さな変数に注目する．それは "甘味" で，P 値の値は "1.31e-5" と示されている．"1.35e-5" とは "1.35×10^{-5}" である．P 値と F 値とは，逆の関係にあり，P 値が小さい変数ほど，F 値は大きくなる．まずは "甘味" を選択する．

現在の推定値

ロック	追加	パラメータ	推定値	自由度	平方和	"F値"	"p値(Prob>F)"
☑	☑	切片	0.48604152	1	0	0.000	1
☐	☐	くちどけ	0	1	0.438753	0.281	0.60196
☐	☑	甘味	0.88188976	1	49.38583	32.849	1.31e-5
☐	☐	酸味	0	1	0.294742	0.188	0.6694
☐	☐	塩味	0	1	5.323113	4.087	0.05752
☐	☐	苦味	0	1	11.26057	11.375	0.0032

"甘味" を選択すると "くちどけ" の P 値が大きくなる．これは "甘味" と "くちどけ" に強い相関関係があったため，"甘味" を説明変数として選択するならば "くちどけ" は不要となることを示している．さて，"甘味" の次に P 値の小さな変数は "苦味" である．これを説明変数として追加する．

現在の推定値

ロック	追加	パラメータ	推定値	自由度	平方和	"F値"	"p値(Prob>F)"
☑	☑	切片	-0.4591446	1	0	0.000	1
☐	☐	くちどけ	0	1	0.218839	0.212	0.65079
☐	☑	甘味	0.56813016	1	13.17948	13.314	0.00171
☐	☐	酸味	0	1	0.314868	0.306	0.58667
☐	☐	塩味	0	1	1.752456	1.849	0.19063
☐	☑	苦味	0.54585575	1	11.26057	11.375	0.0032

"甘味"と"苦味"が選択されると，P値で0.05以下の説明変数はないため，ここで選択行為を停止する．結論として，"甘味"と"苦味"が選択されたということになる．R^2と回帰式の係数は，次のとおりである．

あてはめの要約

R2乗	0.763284
自由度調整R2乗	0.738367
誤差の標準偏差(RMSE)	0.994938
Yの平均	4.454545
オブザベーション(または重みの合計)	22

パラメータ推定値

項	推定値	標準誤差	t値	p値(Prob>|t|)
切片	-0.459145	0.662728	-0.69	0.4968
甘味	0.5681302	0.155702	3.65	0.0017*
苦味	0.5458557	0.161843	3.37	0.0032*

　以上は，変数選択基準を P 値 = 0.05 としたが，回帰分析における変数選択基準として，検定などで用いられる有意水準と同じ0.05とするのは，選択の基準が厳しすぎて，有効な変数を見逃す可能性があるため，0.10〜0.20（F値ならば，2〜4）にするとよいといわれている．

＜2. 総当たり法の結果＞

　総当たり法の結果は，次の表のようになる．

　ここで，"AIC"に注目するとよい．AICとは，"Akaike's Information Criterion"の略で，"赤池情報量規準"と呼ばれているものである．これは，モデルの当てはまり度合いを示す統計量で，値が小さいほど当てはまりがよいとされる．相対的な評価として用いられるため，いくつならばよいというような基準はない．

モデル	数	R^2	RMSE	AICc
甘味	1	0.6216	1.2261	76.6404
くちどけ	1	0.6192	1.2300	76.7783
苦味	1	0.5974	1.2647	78.0014
塩味	1	0.5531	1.3325	80.3001
酸味	1	0.3760	1.5745	87.6435
甘味, 苦味	2	0.7633	0.9949	69.3377
くちどけ, 苦味	2	0.7425	1.0376	71.1855
塩味, 苦味	2	0.7190	1.0841	73.1122
くちどけ, 塩味	2	0.6907	1.1372	75.2183
甘味, 塩味	2	0.6886	1.1412	75.3736
酸味, 苦味	2	0.6294	1.2449	79.1981
くちどけ, 甘味	2	0.6271	1.2488	79.3366
甘味, 酸味	2	0.6253	1.2518	79.4433
くちどけ, 酸味	2	0.6238	1.2543	79.5319
酸味, 塩味	2	0.5534	1.3667	83.3057
甘味, 塩味, 苦味	3	0.7853	0.9734	70.5830
くちどけ, 塩味, 苦味	3	0.7737	0.9994	71.7434
甘味, 酸味, 苦味	3	0.7672	1.0136	72.3633
くちどけ, 甘味, 苦味	3	0.7660	1.0162	72.4773
くちどけ, 酸味, 苦味	3	0.7436	1.0639	74.4929
酸味, 塩味, 苦味	3	0.7275	1.0967	75.8316
くちどけ, 酸味, 塩味	3	0.7062	1.1388	77.4886
甘味, 酸味, 塩味	3	0.7035	1.1440	77.6894
くちどけ, 甘味, 塩味	3	0.6927	1.1646	78.4749
くちどけ, 甘味, 酸味	3	0.6302	1.2777	82.5507
甘味, 酸味, 塩味, 苦味	4	0.8172	0.9244	70.9036
くちどけ, 酸味, 塩味, 苦味	4	0.8018	0.9626	72.6826
くちどけ, 甘味, 塩味, 苦味	4	0.7871	0.9975	74.2527
くちどけ, 甘味, 酸味, 苦味	4	0.7702	1.0363	75.9283
くちどけ, 甘味, 酸味, 塩味	4	0.7087	1.1668	81.1469
くちどけ, 甘味, 酸味, 塩味, 苦味	5	0.8188	0.9486	75.1038

3.3.3　PLS 回帰

回帰分析は，説明変数の数（列の数）が試料の大きさ（行の数）を上回ると解を得ることができない．より具体的には，説明変数の数を k，サンプルサイズを n とすると，

$$n > k + 1$$

が成立している必要がある．この条件が成立していなくても回帰式を求めることができる回帰分析の方法として，"PLS 回帰" "リッジ回帰" "ラッソ回帰" の三つの回帰分析がある．

これらの回帰分析の方法は，多重共線性が存在するようなデータにも適用することができる．ここでは，"PLS 回帰" による解析結果を紹介しよう．

PLS 回帰とは，"Partial Least Squares regression"（偏最小二乗回帰）の略である．PLS 回帰は，説明変数を合成して新たに複数の変数を作成して，その変数を説明変数として，回帰分析を実施するものである．新たに作成された変数は，次元削減された変数と呼ばれている．合成した変数の作成方法には，"主成分分析" と呼ばれる方法が有名であるが，主成分分析と異なるのは，目的変数との関係を加味しながら新しい合成変数を作成する点である．なお，主成分分析については第 5 章で説明する．

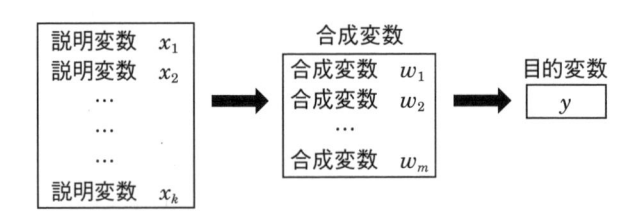

例 3.3 のデータ（表 3.4，40 ページ）に PLS 回帰を適用した結果を紹介しよう．次のような回帰式が得られる．

$$総合 = -0.2666 + 0.2207 \times くちどけ$$
$$+ 0.2313 \times 甘味$$

$$+ \ 0.1902 \times 酸味$$
$$+ \ 0.2220 \times 塩味$$
$$+ \ 0.2357 \times 苦味$$

回帰係数にマイナスが付く説明変数がなくなっている．この回帰式による予測精度をみるために，実測値と予測値の散布図を作成すると，次のようになる．

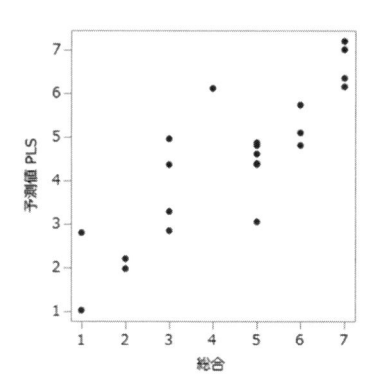

横軸の"総合"とは，目的変数の実測値であり，縦軸の"予測値 PLS"とは，PLS 回帰で得られた回帰式による予測値である．この散布図をみると，実測値と予測値に相関があり，PLS 回帰による回帰式も有効であることがわかる．

第4章 ロジスティック回帰分析

4.1 ロジスティック回帰分析の概要

4.1.1 ロジスティック回帰分析とは

回帰分析は，目的変数が数値であるときに用いる手法であり，カテゴリの種類を示すような非数値のときには用いることができない．このときに使われる手法が"ロジスティック回帰分析"である．ロジスティック回帰分析は目的変数が比率（割合）を示すときにも使うことができる．

【適用の場】

ある製品の外観検査における色の問題を取り上げる．色の測定には，色差計による測定値（色差 ΔE）が用いられることが多いが，色差 ΔE と官能検査による色見本を用いた良品か不良品かの判定結果との対応をみるために，次の表4.1のようなデータを収集した．

表4.1 データ表

色差 ΔE	検査結果	色差 ΔE	検査結果
1.8	良	2.8	良
2.1	良	2.9	不良
2.2	良	3.0	不良
2.3	良	3.1	不良
2.4	良	3.2	不良
2.5	良	3.3	不良
2.6	良	3.4	不良
2.7	不良	3.6	不良

この結果をドットプロットで視覚化すると，次のようになる．

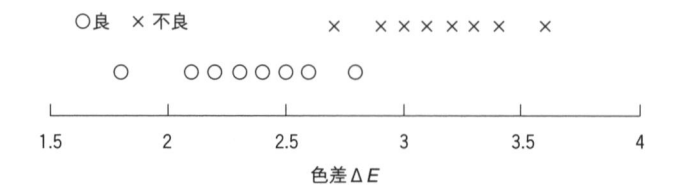

このとき，"色差 ΔE の値と良品・不良品の関係を調べたい"，あるいは "色差 ΔE の値で良品か不良品かを予測したい" という目的で使うことができる解析手法がロジスティック回帰分析である．

【ロジスティック回帰分析における目的変数】

目的変数が数値で表現できる量的変数のときには，通常の回帰分析を適用することができるが，先の例のように，良品か不良品かという数値で表現できない質的変数のときには，回帰分析を適用することはできない．また，数値で表現できても，不良率のような割合の場合，不良率は 0 から 1 の間の値をとるという制約がある．通常の回帰分析は，この制約を守ることを前提とした手法ではないため，不都合な結果を生じる場合がある．こうした状況で活用できる解析手法として，ロジスティック回帰分析を推奨することができる．

ロジスティック回帰分析は，次の二つの場面で有効な解析手法である．

① 目的変数 y が質的変数（カテゴリ変数）のとき

② 目的変数 y が割合（比率）のとき

なお，説明変数は，回帰分析のときと同じく，ロジスティック回帰分析においても，量的変数と質的変数のどちらも活用することができる[*3]．

[*3] 目的変数が質的変数のときの手法として，ロジスティック回帰分析のほかに "判別分析" と呼ばれる手法がある．判別分析も多変量解析の中の代表的な手法である．ロジスティック回帰分析との大きな違いは，判別分析における説明変数は正規分布に従うということを前提としているところにある．

4.1.2 ロジスティック回帰分析の実際

先の色差 ΔE と目視検査による良品か不良品かの判定の例について，ロジスティック回帰分析を適用する．

いま，不良品となる確率を y としたとき，次のような変換 y' を考える．

$$y' = y/(1 - y)$$

この値のことを"オッズ"と呼んでいる．さらに，この値の対数をとる．

$$\log_e y' = \log_e \{y/(1 - y)\}$$

この変換を"ロジット変換"と呼んでいる．なお，以降は，$\log_e \{y/(1 - y)\}$ を単に"Logit"と表記することにする．

この Logit を目的変数，色差 ΔE を説明変数 (x) とする回帰分析がロジスティック回帰分析である．これは，

$$\text{Logit} = b_0 + b_1 x$$

という回帰式をつくる方法である．この式から，

$$y = 1/\{1 + \exp[-(b_0 + b_1 x)]\}$$

という式に直すことができ，不良品となる確率 y は，0 から 1 の間の値になるのである．

【ロジスティック回帰分析の結果】

表 4.1 のデータ表にロジスティック回帰分析を適用すると，次のような回帰式が得られる．

$$\text{Logit} = -36.009622 + 13.0944132 \times 色差 \Delta E$$
$$不良品の確率 y = 1/\{1 + \exp[-(-36.009622 + 13.0944132$$
$$\times 色差 \Delta E)]\}$$

この結果から，良品と不良品の境界値を求めることができる．ここで不良品の確率 $= 0.5$ となる色差 ΔE の値を逆推定すれば，そのときの色差 ΔE の値が境界値となる．

$$0.5 = 1/\{1 + \exp[-(-36.009622 + 13.0944132 \times 色差 \Delta E)]\}$$

から，色差 $\Delta E = 2.75$ が得られる．

4.2　2 点識別法への適用

4.2.1　2 点識別法の解析

2 点識別法は，官能評価における試験方法として頻繁に用いられる手法であり，この試験結果の解析にロジスティック回帰分析を適用する例を紹介する．

■例 4.1

アルコール濃度を変えた二つの飲料 A，B を用意して，どちらのアルコール濃度が強いかを当てさせる "2 点識別法" を実施した．ある評価者に 20 回試行したところ，正解は 14 回であった．この評価者には，識別能力があるといえるだろうか．

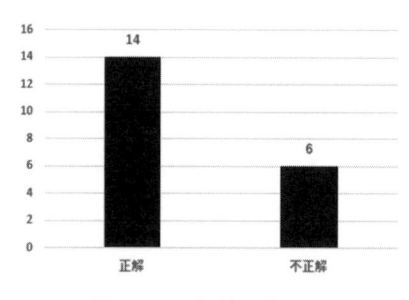

図 4.1　正解数の棒グラフ

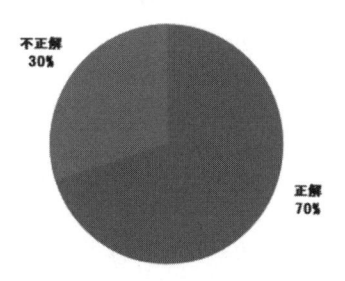

図 4.2　正解率の円グラフ

【二項検定（片側仮説）】

2 点識別法の解析には二項検定が用いられる．識別型の官能評価では正解があるため，検定においては，次のような仮説を立てることになり，片側検定を実施する．

　　　　帰無仮説 H_0：母正解率 = 0.5（識別能力なし）

　　　　対立仮説 H_1：母正解率 > 0.5（識別能力あり）

ここで "母正解率" とは，その評価者の真の正解率を意味している．

さて，この例では，20 回中 14 回の正解が得られているが，この結果から検定の P 値は 0.0577 となり，一般的に用いられる有意水準である 0.05 より大

きい値となっている．したがって，帰無仮説 H_0 を棄却することはできず，この評価者には"識別能力があるとはいえない"という結論が得られる．試行回数が 20 回の場合は，正解数が 15 回以上で P 値が 0.05 以下となり，識別能力があると判断される．正解率でいえば，75 %（= 15/20）以上である．

このように，二項検定では，評価者に識別能力があるかどうかという判定をくだすことができる．なお，二項検定の P 値は Excel® を使うと，次のような関数で求められる．

$$\mathrm{BINOMDIST}(a, N, 0.5, \mathrm{TRUE})$$

この関数は，0.5 の正解率を想定したとき，N 回の試行で，不正解の数が a 回以下になる確率の値を二項分布により計算している．

【母正解率の信頼区間】

二項検定では識別能力があるかどうかという検定を行ったが，評価者の実力である母正解率を区間推定することもできる．20 回の試行で 14 回正解した評価者における信頼率 95 %の母正解率の信頼区間は，次のような結果となる．

$$0.481 < 母正解率 < 0.855$$

この例での 0.481 を"下側信頼限界"，0.855 を"上側信頼限界"と呼んでいる．信頼区間に 0.5 が含まれていることに注目する必要がある．これは，識別能力がないという帰無仮説の値を含んでいることを意味しているのである．

4.2.2 2点識別法とロジスティック回帰分析

二項検定では，評価者に識別能力があるといえるかどうかしか判断することができない．どのような評価者が識別能力ありなのかを突き止める解析を実施したくなるであろう．このためには，正解率に関するデータのほかに，正解率に影響すると予想される評価者に関するデータを用意して，正解率との関係を調べるとよい．そこで，評価者がどの程度の訓練を受けたかを示すデータを用意することにしよう．

■例 4.2

アルコール濃度を変えた二つの飲料 A，B を用意して，どちらのアルコール濃度が強いかを当てさせる2点識別法を実施した．25人の評価者が各20回ずつ試行したところ，次の表4.2に示す結果が得られた．

表4.2 正解率の一覧表

評価者	試行回数	正解数	正解率	P 値	
1	20	19	95%	0.0000	**
2	20	19	95%	0.0000	**
3	20	19	95%	0.0000	**
4	20	18	90%	0.0002	**
5	20	17	85%	0.0013	**
6	20	16	80%	0.0059	**
7	20	15	75%	0.0207	*
8	20	14	70%	0.0577	ns
9	20	13	65%	0.1316	ns
10	20	12	60%	0.2517	ns
11	20	11	55%	0.4119	ns
12	20	10	50%	0.5881	ns
13	20	8	40%	0.8684	ns
14	20	9	45%	0.7483	ns
15	20	7	35%	0.9423	ns
16	20	6	30%	0.9793	ns
17	20	5	25%	0.9941	ns
18	20	5	25%	0.9941	ns
19	20	5	25%	0.9941	ns
20	20	4	20%	0.9987	ns
21	20	5	25%	0.9941	ns
22	20	4	20%	0.9987	ns
23	20	4	20%	0.9987	ns
24	20	5	25%	0.9941	ns
25	20	4	20%	0.9987	ns

注　表中の**，*，ns は，二項検定の結果を示している．**は，有意水準1%で高度に有意，*は，5%で有意，ns は，有意でないことを意味している．

1番から7番の評価者までの7人が有意で，"識別能力あり"と判断されていて，8番から25番までの18人が有意でなく，"識別能力なし"と判断されていることがわかる．

さて，二項検定だけの解析では，これで終了となる．そこで，どのような人が"識別能力あり"と判断されるのかを解析することを考えるため，各評価者の官能評価についての訓練時間に関する時間を追加して，訓練時間と正解率の関係を解析することにする．訓練時間と正解率を一覧にしたものが表4.3である．訓練時間と正解率の散布図は図4.3のようになる．

表4.3 訓練時間と正解率の一覧表

評価者	訓練時間	正解率	評価者	訓練時間	正解率
1	32	95%	16	19	30%
2	31	95%	17	18	25%
3	30	95%	18	17	25%
4	29	90%	19	16	25%
5	29	85%	20	15	20%
6	28	80%	21	14	25%
7	27	75%	22	14	20%
8	26	70%	23	13	20%
9	25	65%	24	12	25%
10	24	60%	25	11	20%
11	23	55%			
12	22	50%			
13	21	40%			
14	20	45%			
15	19	35%			

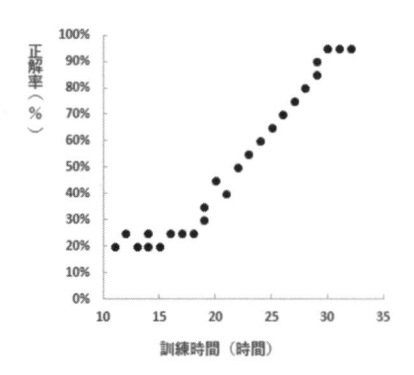

図 4.3　訓練時間と正解率の散布図

【ロジスティック回帰分析の結果】

例 4.2 における訓練時間と正解率の関係をみるために，目的変数に正解率 (y)，説明変数に訓練時間 (x) とする回帰分析を適用してみよう．

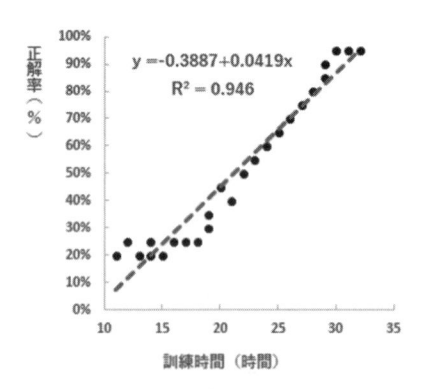

図 4.4　訓練時間と正解率の回帰直線

$$正解率 (y) = -0.3887 + 0.0419 \times 訓練時間 (x)$$

という回帰式が得られる．この回帰式の R^2（寄与率）は 0.946 であり，当てはまりのよいモデルになっている．この回帰式は有用なものであるが，正解率

を予測するという目的で使う場合には問題がある．訓練時間の短い値や長い値をこの式に代入すると，正解率の予測値として，0％よりも小さい値や100％よりも大きい値を算出してしまうのである．

　この例のように，0から1（0％から100％）の範囲の値しかとらないような比率を目的変数とする場合，通常の回帰分析ではなく，ロジスティック回帰分析を適用するのが望ましい．

　正解率 y のとき，

$$\text{Logit} = b_0 + b_1 x$$

という回帰式をつくる方法である．この式から，

$$y = 1/\{1 + \exp[-(b_0 + b_1 x)]\}$$

という式に直すことができ，正解率 y は0から1の間の値になるのである．

　実際に，例 4.2 のデータにロジスティック回帰分析を適用すると，次のような回帰式が得られる．

$$\text{Logit} = -4.3484 + 0.2056 \times 訓練時間\ (x)$$

さて，20回の試行で"識別能力あり"と判定されるには，正解数は15回以上必要になる．正解率でいえば，75％（＝ 15/20）以上である．この正解率を得るために何時間の訓練が必要になるかを逆算すると，必要な訓練時間の予測値は，26.49（時間）と計算される．

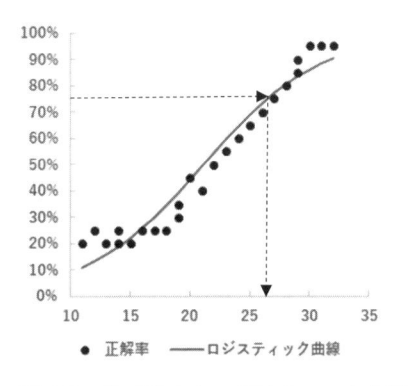

図 4.5　当てはめたロジスティック曲線

4.3　2点嗜好法への適用

4.3.1　2点嗜好法の解析

2点嗜好法は，2点識別法と並ぶ官能評価の代表的な手法であり，ロジスティック回帰分析による解析をすることで，2点の間に有意な差があるかどうかを調べる検定では得られない詳細な情報を得ることができる．

■例 4.3

二つのチーズ A, B を用意して，どちらのチーズが好ましいかを 60 人の評価者に聞いた．結果は次のとおりである．

　　　　A が好き　　　36 人
　　　　B が好き　　　24 人

A を好む人と B を好む人の比率に差があるといえるだろうか．

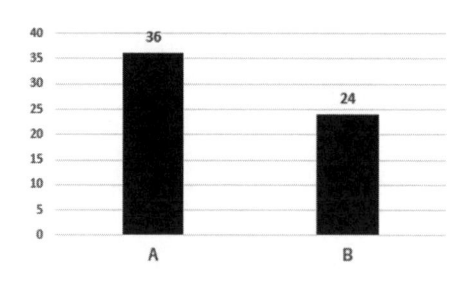

図 4.6　人数の棒グラフ

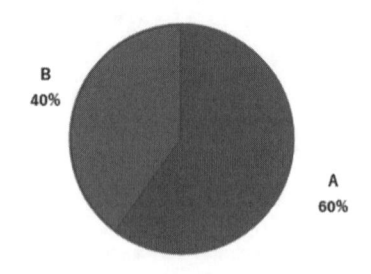

図 4.7　選択率の円グラフ

【二項検定（両側仮説）】

2点嗜好法の解析には，2点識別法と同じく二項検定が用いられる．識別法は正解があるのに対して，嗜好法の場合は"Aを好まないのはおかしい"というような正解があるわけではないため，次のような仮説を立てることになり，両側検定を実施する．

帰無仮説 H_0：Aの母選択率＝Bの母選択率（AとBに差がない）

対立仮説 H_1：Aの母選択率≠Bの母選択率（AとBに差がある）

ここで，"母選択率"とは，可能な限り多くの評価者を集めたと仮定したときに，好ましいほうとしてAとBのどちらを選ぶかという選択率を意味している．

さて，この例では，60人中36人がA，24人がBを選んでいる．この結果から，検定の P 値は0.155となり，有意ではなく，両者の母選択率に差があるとはいえないという結論が得られる．

【母選択率の信頼区間】

信頼率95％の母選択率の信頼区間は，次のような結果となっている．

0.474 ＜ Aの母選択率 ＜ 0.714

0.286 ＜ Bの母選択率 ＜ 0.526

どちらの区間にも0.5が含まれている．母選択率が0.5であるということはAとBには差が認められないことを意味している．このことは，検定の結果が有意でなかったことと矛盾しない．

4.3.2　2点嗜好法とロジスティック回帰分析

二項検定では，Aを選択する人とBを選択する人の比率に差があるといえるかどうかしか判断することができない．AのどこがよくてAを選んだのか，あるいは，BのどこがよくてBを選んだのかを突き止める解析を実施したくなるであろう．そこで，"おいしさ"といった総合的な好みだけでなく，次に示すような個別の特性についても，AとBのどちらを好むかという2点嗜好法

を実施して，それらの結果とあわせた解析を実施することにしよう．

■例 4.4

　上記の例 4.3 における評価者 60 人に対して，次に示す七つの評価項目について，項目ごとに A と B のどちらが好ましいかという 2 点嗜好法を実施した．

　　　項目 1　甘味　　　　　　　　□ A　　　　□ B

　　　項目 2　酸味　　　　　　　　□ A　　　　□ B

　　　項目 3　塩味　　　　　　　　□ A　　　　□ B

　　　項目 4　くちどけ　　　　　　□ A　　　　□ B

　　　項目 5　まろやかさ　　　　　□ A　　　　□ B

　　　項目 6　油っぽさ　　　　　　□ A　　　　□ B

　　　項目 7　総合的な好ましさ　　□ A　　　　□ B

　　（注）項目 7 は，すでに例 4.3 で調査済み．

　これらの調査結果を表 4.4 に示す．

表 4.4 データ表

評価者	甘味	酸味	塩味	くちどけ	まろやかさ	油っぽさ	総合
1	A	A	A	B	A	A	A
2	B	B	A	B	B	A	B
3	B	B	A	A	A	A	B
4	B	A	B	A	B	A	A
5	B	B	A	B	A	A	B
6	A	A	A	A	A	B	A
7	B	B	A	B	A	A	B
8	B	B	A	A	B	A	A
9	A	A	A	B	A	B	A
10	B	B	A	A	A	B	A
11	B	B	A	A	A	A	A
12	A	B	A	B	B	B	B
13	A	A	A	B	B	B	B
14	A	B	A	A	B	A	B
15	B	A	A	A	A	A	A
16	B	B	A	A	B	B	A
17	A	B	A	B	B	A	B
18	A	B	A	A	B	A	A
19	B	B	A	A	B	B	A
20	B	B	A	B	B	A	B
21	A	A	A	A	B	B	A
22	A	A	A	B	A	A	A
23	A	B	A	A	A	B	A
24	B	A	A	A	B	B	A
25	B	A	B	B	A	B	A
26	B	A	B	B	B	A	A
27	B	A	A	B	A	A	A
28	B	A	B	A	A	A	A
29	A	A	A	A	A	B	A
30	B	A	B	B	A	B	A

表 4.4 （続き）

評価者	甘味	酸味	塩味	くちどけ	まろやかさ	油っぽさ	総合
31	A	B	A	B	B	B	B
32	A	A	A	B	A	B	A
33	A	B	B	A	A	B	A
34	A	A	A	A	A	A	A
35	A	A	A	A	A	A	A
36	B	B	A	B	A	A	B
37	B	A	A	B	B	B	A
38	A	B	B	B	B	A	B
39	A	B	B	B	B	B	B
40	A	B	B	B	A	A	A
41	A	A	A	B	B	B	B
42	A	A	B	B	A	A	A
43	A	B	A	B	A	B	B
44	A	B	B	B	B	B	B
45	B	B	A	B	B	A	B
46	A	A	B	A	B	A	A
47	A	A	B	A	B	A	A
48	A	A	A	A	B	B	A
49	A	A	A	B	B	B	B
50	B	B	B	B	B	B	B
51	A	B	A	B	A	B	B
52	B	B	B	B	A	A	B
53	B	B	B	A	A	A	A
54	A	B	B	B	B	A	B
55	B	B	B	A	B	A	B
56	B	A	A	A	B	B	A
57	B	A	A	B	B	A	A
58	A	A	B	B	B	A	A
59	A	B	A	B	B	B	B
60	A	A	A	A	A	B	A

【分割表による解析】

　"総合的な好ましさ"である項目7と，個別の特性に関する好みを聞いている項目1から項目6がどのように関係しているかをみていくことにする．

　最初に実施すべき解析は，項目7と各項目の"2×2分割表"を作成することである．2×2分割表については，χ^2検定，あるいは Fisher の正確検定により，項目7と各項目が独立かどうかを判断することができる．また，モザイク図や帯グラフなどにより，視覚的に解析することもできる．分割表に対する χ^2 検定の検定統計量（χ^2 値）と P 値を次の表4.5に示す．

表 4.5　総合的な好ましさと各評価項目の関係

評価項目	χ^2 値	P 値
甘　味	0.180	0.6717
酸　味	20.567	< 0.0001
塩　味	0.116	0.7339
くちどけ	15.486	< 0.0001
まろやかさ	4.922	0.0265
油っぽさ	0.011	0.9159

　"総合的な好ましさ"との関係は，"酸味""くちどけ""まろやかさ"の各 P 値が 0.05 より小さく，有意となっている．このことは，"酸味""くちどけ""まろやかさ"について好ましいと評価している試料（チーズ）のほうを，"総合的な好ましさ"についても選択しているということを示している．

　ここで，検定の対象としている分割表とモザイク図を示しておく．

＜“甘味”と“総合的な好ましさ”＞

		総合	
		A	B
甘味	A	19	14
	B	17	10

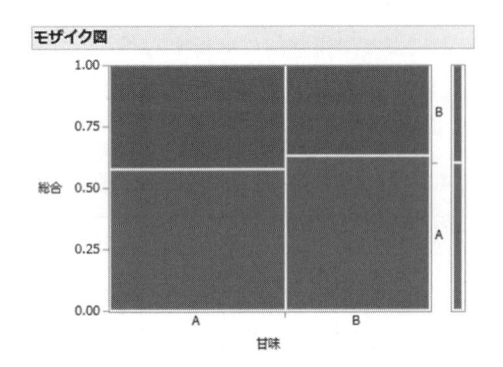

＜“酸味”と“総合的な好ましさ”＞

		総合	
		A	B
酸味	A	26	3
	B	10	21

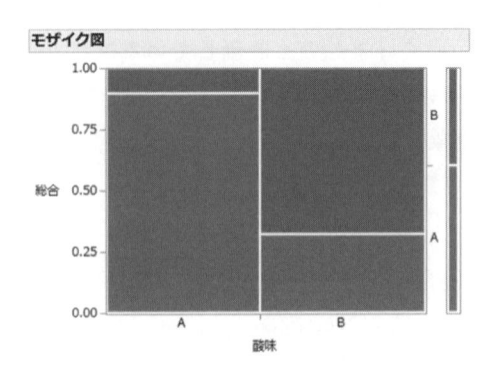

< "塩味" と "総合的な好ましさ" >

		総合	
		A	B
塩味	A	24	17
	B	12	7

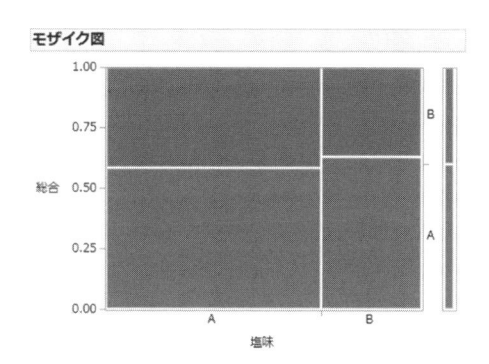

< "くちどけ" と "総合的な好ましさ" >

		総合	
		A	B
くちどけ	A	23	3
	B	13	21

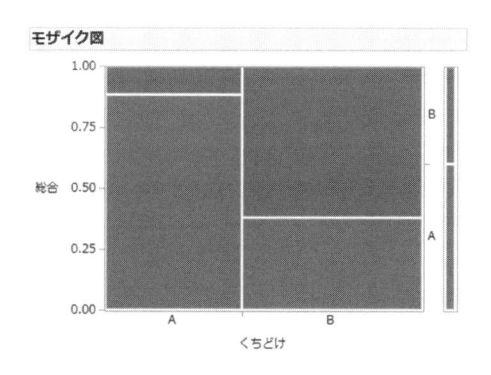

＜"まろやかさ"と"総合的な好ましさ"＞

	総合	A	B
まろやかさ A		21	7
B		15	17

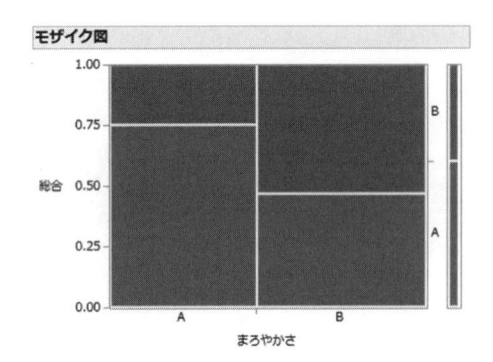

＜"油っぽさ"と"総合的な好ましさ"＞

	総合	A	B
油っぽさ A		19	13
B		17	11

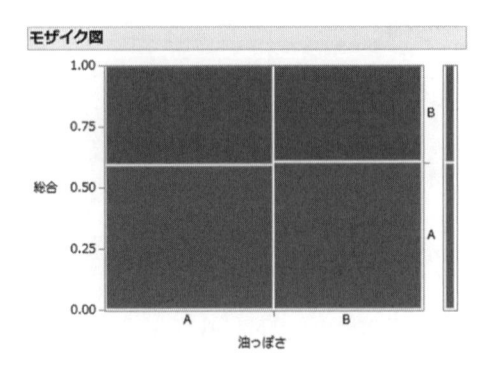

【オッズ比】

個別の特性に関する項目1から項目6において，チーズAを選んだときに，総合的な好ましさである項目7において，Aを選ぶ可能性がどれだけ高くなるかを示す数値として"オッズ比"がある．この結果を次に示す．

評価項目	オッズ比	下側95%	上側95%
甘味	0.7983	0.2815	2.2641
酸味	18.2000	4.4321	74.7370
塩味	0.8235	0.2686	2.5246
くちどけ	12.3846	3.0916	49.6121
まろやかさ	3.4000	1.1298	10.2317
油っぽさ	0.9457	0.3357	2.6644

オッズ比の95%信頼限界も示している．この区間（下側95%～上側95%）に1を含んでいるときは，その評価項目が有意水準5%（0.05）で有意でないことを示している．

【ロジスティック回帰分析の適用】

例4.4における"総合的な好ましさ"（項目7）と個別の特性に関する好ましさ（項目1～項目6）との関係を個別に解析するのではなく，同時に解析する方法として，例4.2で訓練時間と正解率の関係をみるために用いたロジスティック回帰分析を利用することができる．ロジスティック回帰分析は，目的変数が比率のときだけでなく，カテゴリデータのときにも利用できる．

いま，"総合的な好ましさ"（項目7）を目的変数（y），項目1から項目6の個別の特性に関する好ましさを説明変数（x）とするロジスティック回帰分析を実施してみよう．

【ロジスティック回帰分析の結果】

次のような結果が得られる.

"酸味""くちどけ""まろやかさ"のP値が0.05より小さくなっており,有意であることが示されている.

パラメータ推定値

項	推定値	標準誤差	カイ2乗	p値(Prob>ChiSq)
切片	2.0173215	0.7906561	6.51	0.0107*
甘味[A]	-0.287494	0.4975294	0.33	0.5634
酸味[A]	2.65926838	0.7833118	11.53	0.0007*
塩味[A]	-0.7003969	0.6607471	1.12	0.2891
くちどけ[A]	2.49925839	0.7893228	10.03	0.0015*
まろやかさ[A]	1.17648632	0.5896577	3.98	0.0460*
油っぽさ[A]	0.01987499	0.529505	0.00	0.9701

推定値は次の対数オッズに対するものです：A/B

【変数選択の結果】

重要な変数だけで回帰式を構築するために,変数選択を実施すると,次のような結果が得られて,"酸味""くちどけ""まろやかさ"が選択されている.なお,すべての変数を使ったときに,P値が小さかった変数が必ずしも変数選択においても選択されるとは限らないことに注意が必要である.

パラメータ推定値

項	推定値	標準誤差	カイ2乗	p値(Prob>ChiSq)
切片	1.60343517	0.603957	7.05	0.0079*
酸味[A]	2.47220982	0.7150117	11.95	0.0005*
くちどけ[A]	2.33975347	0.719881	10.56	0.0012*
まろやかさ[A]	1.17756968	0.5792851	4.13	0.0421*

推定値は次の対数オッズに対するものです：A/B

●参考●　機械学習手法の併用 ───────────────

　"機会学習"と呼ばれる AI（人工知能）分野の手法の中に"決定木"（あるいは，"決定器"）という手法がある．この手法を用いると，次のようなツリー状の図が得られる．これは，総合で A を選ぶか B を選ぶかを予測するためのルールを構築してくれるものである．

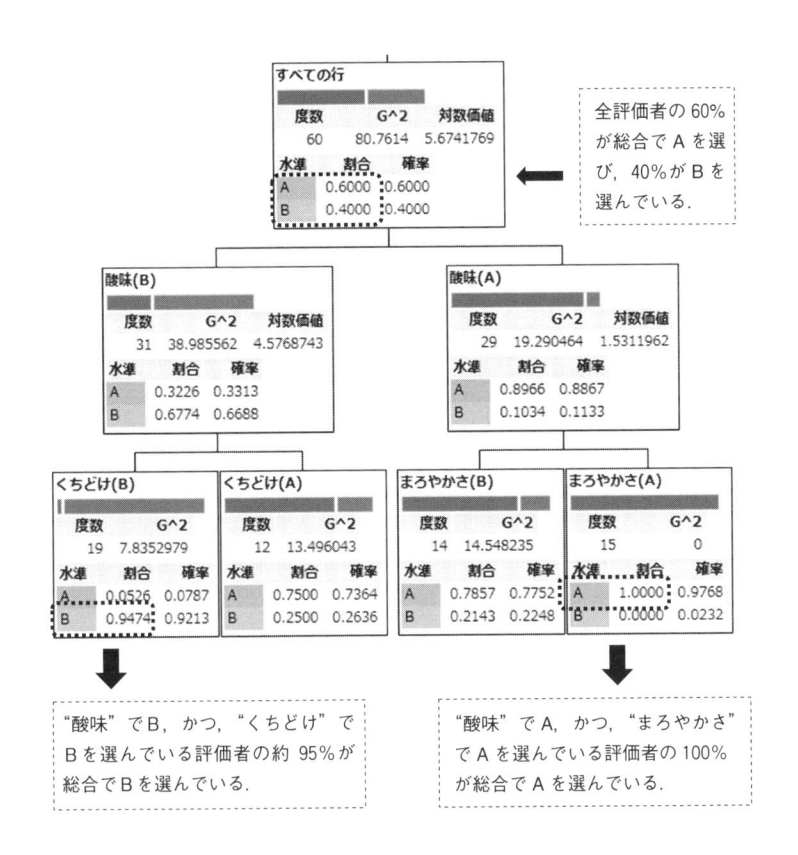

第5章　主成分分析

5.1　主成分分析の概要

5.1.1　主成分分析とは

回帰分析とロジスティック回帰分析には目的変数と説明変数の区別があったが，このような区別がないときに適用する手法として"主成分分析"を紹介する.

【主成分分析の目的】

主成分分析は，多変量データを"見える化"（視覚化）して，観測対象（人や物）を分類するために活用される. 同時に，多変量データを構成している変数間の関係も視覚的に把握することができる手法である.

【変数の統合】

いま，学生 20 人の英語と国語の試験の点数が次の表 5.1 のように得られているとしよう.

表5.1　*データ表*

学生	英語	国語	学生	英語	国語
1	59	58	11	47	48
2	43	62	12	68	80
3	66	68	13	73	68
4	32	49	14	63	65
5	31	44	15	48	58
6	74	75	16	67	76
7	58	73	17	64	67
8	69	69	18	67	76
9	80	86	19	59	65
10	45	54	20	55	64

このデータを散布図にすると，次の図 5.1 のように表すことができる．

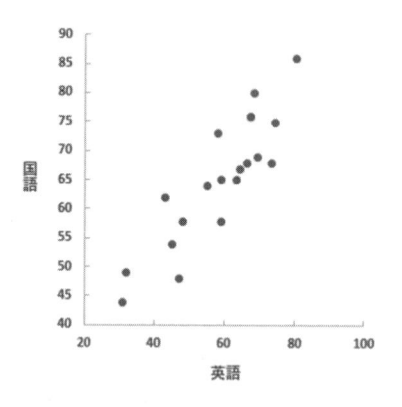

図 5.1　データの散布図

　上記の散布図から，"英語"と"国語"の間には正の相関関係があることがわかる．ここで，英語と国語の単位はどちらも同じ"点"である．このようなときには，必ずしもデータの標準化を行う必要はないが，単位が異なるようなときには，英語と国語の値をそれぞれ標準化して（個々のデータから平均値を引いて，標準偏差で割る）から，データを解析することがしばしば行われる．標準化により，単位がなくなり無名数となり，さらに，英語と国語のどちらも平均値が 0，標準偏差は 1 になることで，変数間の比較がしやすくなる．"標準化した英語"と"標準化した国語"の散布図を作成すると，次の図 5.2 のように表すことができる．標準化しても相関関係は変化していないことがわかるであろう．

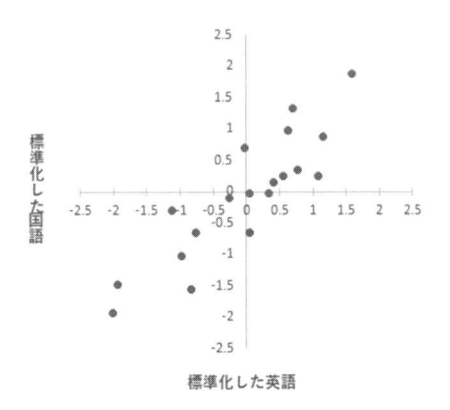

図 5.2 標準化したデータの散布図

　さて，散布図の右上（第 1 象限）に位置する学生たちは，左下（第 3 象限）に位置する学生たちよりも，英語と国語を合わせた成績が優れていることになる．そこで，散布図の右上がりに布置している点に沿って，原点を通る新たな直線 a を当てはめてみることする（図 5.3）．

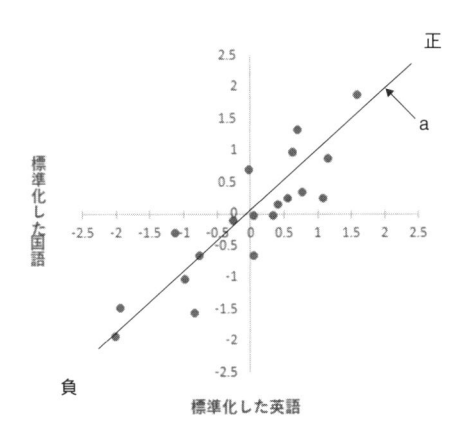

図 5.3 新たな直線を当てはめた散布図

　当てはめた直線 a で考えてみると，この直線 a の正の方向にいる人ほど，英語と国語の成績が優れていると考えることができる．続いて，この直線 a

と原点で直交する第 2 の直線 b を当てはめることを考える（図 5.4）.

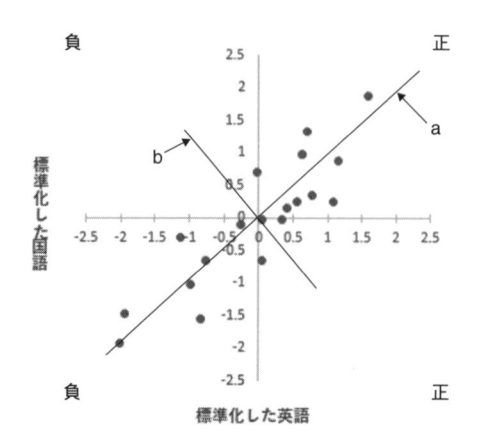

図 5.4　第 2 の直線を当てはめた散布図

　直線 b の正の方向にいる人は，英語が国語に比べて点数のよい人が集まり，直線 b の負の方向にいる人は，国語が英語に比べて点数のよい人が集まる.直線 a が横軸に，直線 b が縦軸になるように元の軸を回転させて，散布図を次のように作り直してみよう（図 5.5）.

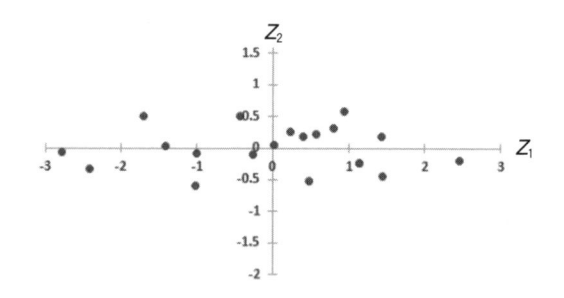

図 5.5　主成分スコアの散布図

　横軸を Z_1，縦軸を Z_2 としておこう. また，"標準化した英語" の値を "英語′"，"標準化した国語" の値を "国語′" とすると，これは，次のような計算

を行ってデータを変換していることになる.

$$Z_1 = 0.7071 \times 英語' + 0.7071 \times 国語'$$

$$Z_2 = 0.7071 \times 英語' - 0.7071 \times 国語'$$

主成分分析を実施すると，このような変数を統合した新たな変数として Z_1 と Z_2 を作成することができる．Z_1 を "第1主成分"，Z_2 を "第2主成分" と呼び，Z_1 や Z_2 の計算式によって求められた具体的な数値を "主成分スコア" と呼んでいる．

この式から，第1主成分 Z_1 の値が大きい学生ほど，英語と国語の両方の成績がよい学生であることがわかる．したがって，Z_1 は，総合語学力を表す指標であると考えられる．第2主成分 Z_2 については，英語の成績が国語の成績よりもが顕著によい学生ほど Z_2 の値は大きくなり，逆に，国語の成績が英語の成績よりも顕著によい学生ほど Z_2 の値は小さくなるため，どちらが得意かという語学力の型を表現していると考えられる．

このような，主成分を求めて主成分のスコアで観測対象（この例では，"学生"）を分類することを考えようとするのが主成分分析の目的である．

なお，このようにして求めた各主成分 Z_1 と Z_2 の平均値は0であるが，標準偏差は1とはならない．そこで，主成分スコアを標準化した値 Z_1'，Z_2' を求めると，この標準偏差は1となり，Z_1 と Z_2 の散布図は，次の図5.6のようになる．

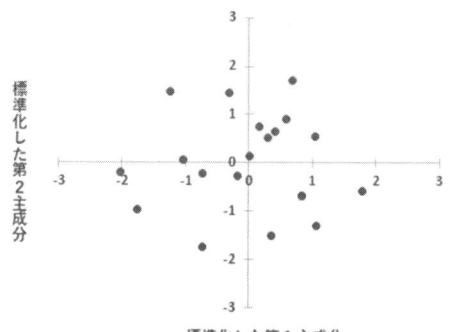

図 5.6 標準化した散布図

5.1.2　次元の縮約と主成分分析

先ほどの例では，英語と国語の点数が得られていた．これは"英語"と"国語"という変数が二つあることになる．この場合，変数が二つあるデータを"2次元データ"という呼び方をすることがある．

さて，次は表5.2のようなデータ表が得られているとしよう．四つの変数がある．これは4次元データとなるため，2次元散布図で表現することはできず，図5.7のような散布図行列となる．

表 5.2　データ表

学生	英語	国語	数学	理科
1	59	58	28	39
2	43	62	45	49
3	66	68	18	13
4	32	49	34	30
5	31	44	15	14
6	74	75	39	43
7	58	73	49	65
8	69	69	53	68
9	80	86	39	39
10	45	54	34	30
11	47	48	43	52
12	68	80	34	50
13	73	68	48	51
14	63	65	56	82
15	48	58	54	72
16	67	76	40	64
17	64	67	51	51
18	67	76	44	53
19	59	65	49	59
20	55	64	21	23

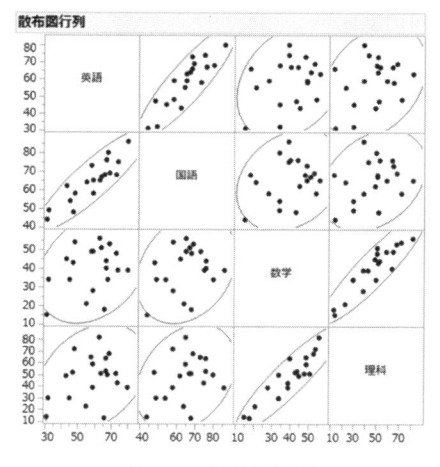

図 5.7 散布図行列

　先に紹介した主成分分析は，このような 3 次元以上のデータにこそ有効であり，表 5.2 のデータ表に主成分分析を適用すると，次のような主成分を求めることができる．

$$Z_1 = 0.4975 \times 英語' + 0.4902 \times 国語' + 0.4989 \times 数学'$$
$$+ 0.5132 \times 理科'$$
$$Z_2 = 0.4987 \times 英語' + 0.5131 \times 国語' - 0.5082 \times 数学'$$
$$- 0.4794 \times 理科'$$

各主成分 Z_1，Z_2 のどちらにも英語，国語，数学，理科の情報が含まれていて，第 1 主成分 Z_1 は総合学力を示し，第 2 主成分 Z_2 は文系理系能力を示していると解釈できる．そして，第 1 主成分と第 2 主成分で議論することは，4 次元のデータであったものを 2 次元に縮約して議論しているということになり，主成分分析は，次元を縮約してデータを吟味するする方法といえる．

5.1.3　主成分分析の基本

【主成分分析の数理】

　主成分分析は，収集した多変量データから新しい変数（主成分）を作り出すことを目的とした手法である．適用すべきデータにおける変数の数が m 個（x_1, x_2, $\cdots$, x_m），観測対象の数が n（被験者や患者ならば n 人，物ならば n 個）の多変量データがあるとすると，次のようなデータ表になる．

観測対象	x_1	x_2	x_3	$\cdots$	x_m
1					
2					
$\cdots$					
n					

　主成分分析は，どの変数も数量データであるとき，又は，0か1の2値データであるときに適用することができる．このデータをもとに，m 個より少ない k 個の新しい変数 Z_1, Z_2, $\cdots$, Z_k を作り出すことを考える．新しい変数は，データの変数を結合した変数で，次のような式で表せるようにしたいとしよう．

$$Z_1 = a_{11}x_1 + a_{12}x_2 + \cdots + a_{1m}x_m$$
$$Z_2 = a_{21}x_1 + a_{22}x_2 + \cdots + a_{2m}x_m$$
$$\cdots$$
$$Z_k = a_{k1}x_1 + a_{k2}x_2 + \cdots + a_{km}x_m$$

計算によって求めたいのは，x_1, x_2, $\cdots$, x_m の各係数 a_{11}, a_{12}, $\cdots$, a_{km} の具体的な値である．これらの値を "固有ベクトル" と呼んでいる．

　新しい変数 Z_1, Z_2, $\cdots$, Z_k は，次のような性質をもつように求める．

① 　Z_1 は，x_1, x_2, $\cdots$, x_m の情報が最大限集約されるようにする．

② 　Z_2 は，x_1, x_2, $\cdots$, x_m の情報が Z_1 の次に集約されるようにする．

③ 　Z_2 は，Z_1 と独立になる（無相関になる）ようにする．

④ 　以下，Z_3 から Z_k まで同様に考える．

　このような性質を満足するように，a_{11}, a_{12}, …, a_{km} を決定しようというのが"主成分分析の数理"である．

　さて，①は Z_1 の分散が最大になるようにすることと同じである．このためには，a_{11}, a_{12}, …, a_{km} を限りなく大きくすればよいということになり，それでは Z_1 が定まらない．そこで，

$$a_{11}{}^2 + a_{12}{}^2 + \cdots + a_{km}{}^2 = 1$$

という条件を付ける．以下同様に，係数の2乗和が1となるようにする．

　このような条件のもとで，a_{11}, a_{12}, …, a_{km} を求めることは，データの相関行列，あるいは分散共分散行列の固有値と固有ベクトルを計算することに帰着するのである．

　このようにして求めた新しい変数 Z_1, Z_2, …, Z_k を第1主成分，第2主成分，…，第 k 主成分と呼んでいる．Z_1, Z_2, …, Z_k の式が決まれば，その式のデータ x_1, x_2, …, x_m に具体的な値を代入することで，観測対象ごとに各主成分の値を求めることができる．この値のことを"主成分スコア"と呼んでいる．

【主成分分析の効用】

　主成分が求まれば，データの m 個の変数を，それよりも少ない k 個の新しい変数に集約できたことになる．このことは，どのようなメリットをもたらすかを考えてみよう．

　いま，六つの変数からなる多変量データがあるとする．これらの変数の関係を把握するために散布図を利用しようとすると，2変数ごとに15の散布図を観察しなければならなくなる．そこで，主成分分析によって，このデータを二つの新変数（主成分）に集約できたとすれば，六つの変数の情報を二つの主成分を軸とする一つの散布図にデータを視覚化できたことになる．このことにより，散布図上で観測対象のグルーピングを行うことができる．主成分分析には，先の4科目の例でも述べたが，6次元のデータを2次元に縮約して考察できるという効用がある．

【データの標準化】

多変量データは，各変数が同じ単位で測定されている場合と，変数の単位が不ぞろいの場合がある．変数の単位が不ぞろいというのは，"身長"という変数は"cm"の単位で測定され，"体重"という変数は"kg"の単位で測定されているというような場合である．このような場合には，変数ごとにデータを標準化してから主成分分析を適用するのが一般的である．なぜならば，主成分分析は，測定単位の取り方に影響を受けるからである．"cm"の単位で記述されたデータと"m"の単位で記述されたデータとでは，主成分分析の結果が変わるため，データは標準化しておいたほうがよいであろう．"データの標準化"とは，次のような変換を行うことである．

標準化＝（個々のデータ－平均値）/ 標準偏差

標準化されたデータは，平均値0，標準偏差1となる．変数ごとにデータを標準化することによって，変数間の平均値と標準偏差をそろえることができ，単位の相異をなくすこともできる．

【2種類の主成分分析】

主成分分析には二つの種類がある．一つは，データを標準化せずにデータに対して主成分分析を適用する場合で，これを"分散共分散行列から出発する主成分分析"という．もう一つは，標準化したデータに対して主成分分析を適用する場合で，これを"相関行列から出発する主成分分析"という．どちらの行列から出発する主成分分析を実施するか判断は，次のように考えるとよい．

・各変数の測定単位が異なる． → 相関行列
・各変数のばらつきの違いを反映させたい． → 分散共分散行列
・各変数のばらつきの違いを反映させたくない． → 相関行列

なお，すべての変数の測定単位が同じであるならば，分散共分散行列から出発する主成分分析と相関行列から出発する主成分分析の両方を適用して，比較するとよいであろう．

5.2 主成分分析の実際

5.2.1 採点データの主成分分析

官能評価において採点したデータに主成分分析を適用する例を紹介する.

■例5.1

20種類のパンについて, "やわらかさ" "しっとり" "ふわふわ" "バター味" "甘味" "酸味" の六つの特性に対する好ましさを9段階で評価した. その結果が次の表5.3のデータ表である. 点数の大きいものほど好ましいことを示している. このデータに主成分分析を適用しよう. なお, 評価は複数の専門家の代表値（最頻値）を採用している.

表5.3　データ表

パン	やわらかさ	しっとり	ふわふわ	バター味	甘味	酸味
1	2	3	1	5	4	5
2	4	3	2	4	4	4
3	6	6	4	3	2	5
4	4	3	4	3	2	5
5	4	3	1	6	5	6
6	4	3	1	6	5	6
7	4	4	4	5	3	3
8	4	3	2	3	2	3
9	5	5	5	6	4	5
10	4	3	2	4	4	5
11	3	5	4	3	2	3
12	5	4	3	4	4	5
13	4	3	2	4	4	5
14	4	3	3	4	3	4
15	4	3	3	4	4	4
16	6	5	4	6	6	6
17	4	3	2	4	4	5
18	6	5	7	8	6	6
19	4	2	4	4	4	4
20	6	4	4	3	3	3

【予備的解析】

　主成分分析を適用する前に，基本的な統計量による数値的な要約と，散布図行列による視覚的な把握を行っておく．

＜1．平均値と標準偏差＞

	やわらかさ	しっとり	ふわふわ	バター味	甘味	酸味
平均値	4.35	3.65	3.10	4.45	3.75	4.60
標準偏差	1.04	1.04	1.52	1.36	1.21	1.05

＜2．相関行列＞

	やわらかさ	しっとり	ふわふわ	バター味	甘味	酸味
やわらかさ	1.0000	0.6058	0.6100	0.2183	0.2408	0.2322
しっとり	0.6058	1.0000	0.6233	0.1922	−0.0314	0.1064
ふわふわ	0.6100	0.6233	1.0000	0.2326	0.0143	−0.0729
バター味	0.2183	0.1922	0.2326	1.0000	0.8429	0.6528
甘　味	0.2408	−0.0314	0.0143	0.8429	1.0000	0.7076
酸　味	0.2322	0.1064	−0.0729	0.6528	0.7076	1.0000

＜3．散布図行列＞

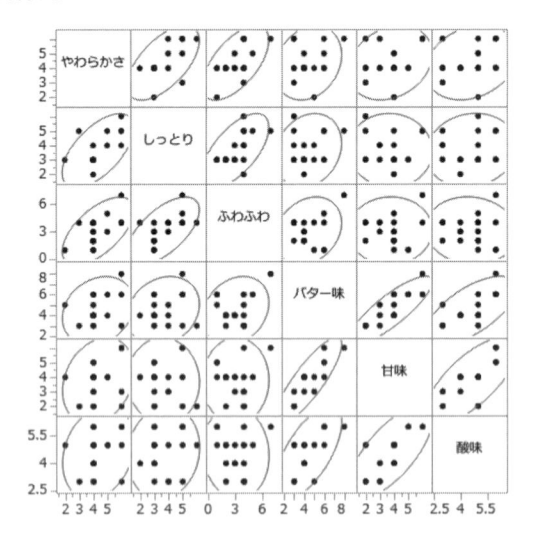

【主成分分析の結果】

＜1．固有値＞

寄与率の値が第1主成分だけで46.064％，第2主成分までで79.036％となっている．このことは，第1主成分と第2主成分の二つの主成分で，データの情報の79.036％を説明できることを示している．主成分をいくつ取り上げるか（第1主成分から第何主成分まで採用するか）については，次のような基準を目安とする．

・固有値が1以上の主成分

・累積寄与率で50％～70％以上となる主成分

この例では，第2主成分まで採用することとする．

番号	固有値	寄与率	20 40 60 80	累積寄与率
1	2.7638	46.064		46.064
2	1.9783	32.972		79.036
3	0.5242	8.737		87.773
4	0.4250	7.084		94.857
5	0.2280	3.800		98.657
6	0.0806	1.343		100.000

＜2．固有ベクトル＞

固有ベクトルからは，各主成分の式を決める．

$$第1主成分 \ Z_1 = 0.39409 \times やわらかさ$$
$$+ 0.31395 \times しっとり$$
$$+ 0.29966 \times ふわふわ$$

	主成分1	主成分2	主成分3	主成分4	主成分5	主成分6
やわらかさ	0.39409	0.38956	0.37923	-0.65017	-0.18956	-0.30079
しっとり	0.31395	0.49264	0.26638	0.64765	-0.35360	0.20812
ふわふわ	0.29966	0.51488	-0.53710	-0.08156	0.55303	0.21006
バター味	0.50423	-0.26110	-0.43361	0.24036	-0.17525	-0.63331
甘味	0.46469	-0.38894	-0.17450	-0.25324	-0.34286	0.64858
酸味	0.43145	-0.34785	0.52752	0.17111	0.62042	0.01900

$$+\,0.50423 \times バター味$$

$$+\,0.46469 \times 甘味$$

$$+\,0.43145 \times 酸味$$

$$第2主成分\,Z_2 = 0.38956 \times やわらかさ$$

$$+\,0.49264 \times しっとり$$

$$+\,0.51488 \times ふわふわ$$

$$-\,0.26110 \times バター味$$

$$-\,0.38894 \times 甘味$$

$$-\,0.34785 \times 酸味$$

第1主成分の係数はすべて正であることから，六つの特性に対する好ましさの数値が大きくなるほど，第1主成分の値は大きくなる．このことから，"総合的な好ましさ"，すなわち"おいしさ"を示していると解釈できる．

第2主成分は"食感"に関する特性の係数が正で，"味"に関する特性の係数が負であることから，"食感"と"味の好ましさ"を示していると解釈できる．

＜3. 因子負荷量と因子負荷プロット（特性の布置図）＞

因子負荷量の値を散布図の形で表示したものを"因子負荷プロット"と呼んでいる．図上で近くに位置する特性同士は，関係が強いことを示している．六つの特性は"しっとり""ふわふわ""やわらかさ"の"食感"を示す特性と，"バター味""酸味""甘味"の"好み"を示す特性の二つのグループに分かれている．

負荷量行列

	主成分1	主成分2	主成分3	主成分4	主成分5	主成分6
やわらかさ	0.65517	0.54792	0.27457	-0.42387	-0.09052	-0.08538
しっとり	0.52193	0.69291	0.19286	0.42222	-0.16885	0.05908
ふわふわ	0.49818	0.72420	-0.38888	-0.05317	0.26408	0.05963
バター味	0.83827	-0.36725	-0.31395	0.15670	-0.08369	-0.17977
甘味	0.77253	-0.54706	-0.12635	-0.16510	-0.16372	0.18411
酸味	0.71728	-0.48927	0.38194	0.11155	0.29626	0.00539

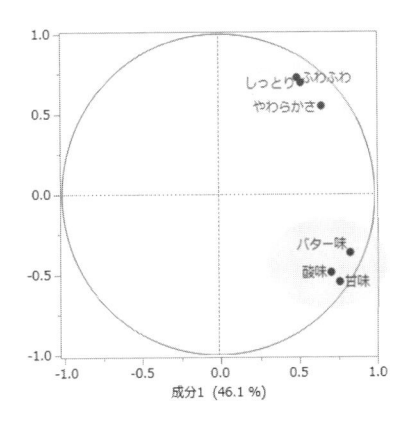

因子負荷プロット

＜ 4. 主成分スコアプロット（"パン"の布置図)＞

主成分スコアを散布図で表現したものを"主成分スコアプロット"と呼んでいる．これはデータの"行"（この例では，"パン"）を示していて，主成分スコアの似たもの同士が近くに位置している．第 1 主成分の値が大きい 18 番や 16 番の"パン"は，総合的に好まれている"パン"であることがわかる．

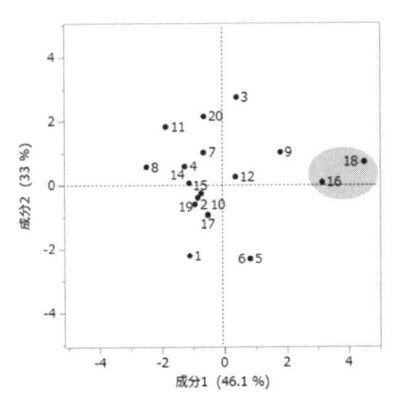

主成分スコアプロット

＜5. 最終主成分スコアの検討＞

主成分分析では，第1主成分から順に重要視していくため，最後のほうの主成分（この例では，第5主成分と第6主成分）は，無視することになる．ただし，外れ値の発見には役に立つことがあるので，最後の主成分とその一つ前の主成分のスコアは，散布図にしてみるとよい．この例では，4番のパンが離れたところに位置しており，外れ値かどうかを検討できる．

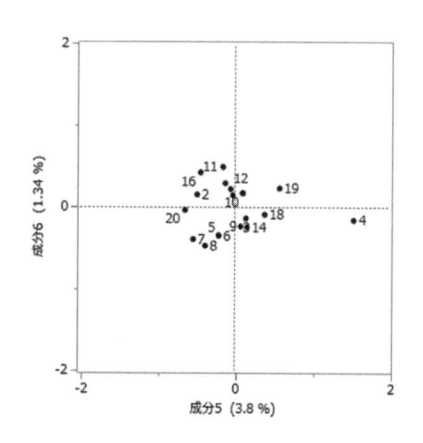

5.2.2　順位データの主成分分析

■例5.2

18人の評価者が7種類の化粧水 A_1, A_2, A_3, A_4, A_5, A_6, A_7 について，“香り”が好ましいと感じる順に順位を付けた．その結果を一覧表にしたのが次の表5.4のデータ表である．

このような順位データは，次の二つの観点から解析することが可能である．

①　化粧水に注目した解析（どの化粧水が好まれているか）

②　評価者に注目した解析（どの評価者同士が似ているか）

次の【化粧水に注目した解析】は，化粧水ごとの平均値を算出すると同時に，化粧水間に有意な差があるかどうかを“クラスカル・ウォーリス検定”で検証することになる．

一方, 【評価者に注目した解析】（次ページ）では, 主成分分析を活用することで, 評価者同士の近さを布置図で視覚的に把握することができる.

表5.4 データ表

評価者	A_1	A_2	A_3	A_4	A_5	A_6	A_7
1	2	6	4	1	3	5	7
2	1	6	3	4	2	5	7
3	4	3	5	2	1	7	6
4	4	5	3	1	2	7	6
5	3	6	2	1	4	5	7
6	4	6	1	2	3	5	7
7	4	1	5	6	7	3	2
8	4	7	1	3	2	5	6
9	3	5	4	1	2	6	7
10	5	7	2	1	3	4	6
11	4	5	3	2	1	6	7
12	2	6	4	3	1	5	7
13	2	5	3	1	4	6	7
14	3	2	5	1	4	6	7
15	5	7	2	4	1	3	6
16	6	5	4	1	2	7	3
17	2	6	4	1	3	7	5
18	7	6	2	1	4	3	5

【化粧水に注目した解析】

7種類の化粧水 A_1, A_2, A_3, A_4, A_5, A_6, A_7 について, 平均値と標準偏差を計算すると, 次のようになる.

順位データは, 平均値が小さな値ほど多くの人に好まれていることを示しているため, A_4 が最も好まれていることになる.

	A_1	A_2	A_3	A_4	A_5	A_6	A_7
平均値	3.61	5.22	3.17	2.00	2.72	5.28	6.00
標準偏差	1.54	1.66	1.29	1.46	1.53	1.36	1.46

【評価者に注目した解析】

　順位データの解析において，評価者の布置図を作成するには，データ表の行と列を転置してから主成分分析を適用する．すなわち，変数が評価者となるようにする．次のような因子負荷プロットが得られて，評価者の類似性を視覚化することができる．順位の付け方が似ている評価者同士は，近くに位置する．

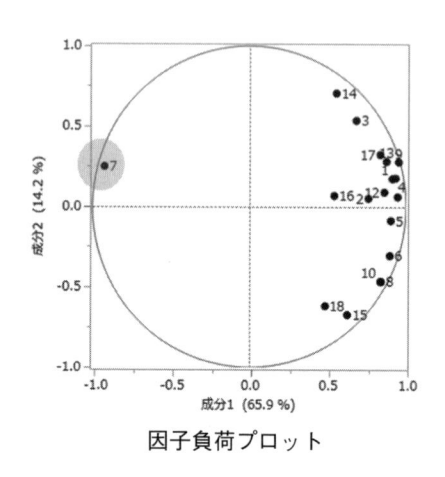

因子負荷プロット

　評価者7が異質な順位付けをしていることがわかる．

　主成分スコアプロットは，次のようになる．横軸の左から右へ向かって，すなわち，第1主成分スコアの値が小さいほうから大きいほうへ順位の平均値が大きくなっている．したがって，左に位置する化粧水ほど人気があることを示している．一方，縦軸は下から上に向かって，すなわち，第2主成分スコアの値が小さいほうから大きいほうへ順位の標準偏差は小さくなる傾向が示されている．

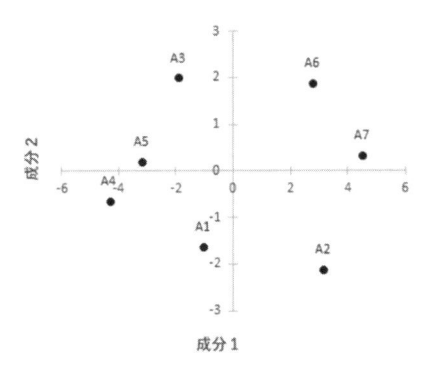

主成分スコアプロット

■例 5.3

　アルコール濃度を変えた五つの飲料 A, B, C, D, E を呈示して，おいしいと感じる順に順位を付けてもらった．評価者は S_1〜S_{10} の 10 人である．飲料の呈示順序は，評価者ごとにランダムな順で呈示している．データ表（表 5.5）は，10 人が付けた順位の一覧表である．このデータに主成分分析を適用する．

　先の例 5.2 と同じ形式であり，手順も同じである．ただし，この例では，データ表のまま評価者を"行"，試料を"列"として主成分分析を適用した場合と，データ表の行と列を転置して，試料を"行"，評価者を"列"として適

表 5.5　データ表

評価者	A	B	C	D	E
S_1	5	2	1	4	3
S_2	5	1	2	4	3
S_3	5	2	1	3	4
S_4	3	5	4	1	2
S_5	4	2	1	5	3
S_6	4	1	2	5	3
S_7	1	3	2	4	5
S_8	1	2	4	5	3
S_9	3	1	2	4	5
S_{10}	4	3	1	5	2

用した場合の両方を実施する．また，順位データの解析に頻繁に用いられる
"フリードマン検定"もあわせて紹介することにしよう．

　このデータに対して主成分分析を適用する．

＜1. 事前の基礎的な解析＞

（1）各試料（飲料）の要約統計量

五つの飲料に付けられた順位の平均値と標準偏差を算出する．

	A	B	C	D	E
平均値	3.50	2.20	2.00	4.00	3.30
標準偏差	1.51	1.23	1.15	1.25	1.06

　順位の平均値になることから，C＜B＜E＜A＜Dの順に好まれている．
標準偏差の最も大きいのはAである．

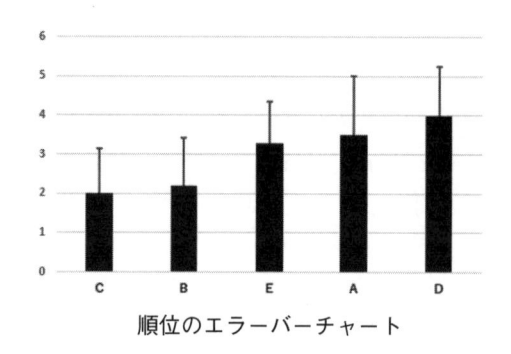

順位のエラーバーチャート

（2）フリードマン（Friedman）検定

五つの飲料の順位に差があるかどうかを検証する．このときに用いられるの
がフリードマン検定である．検定の結果を次に示す．

　P 値 = 0.018 ＜ 0.05 で有意となり，五つの飲料の順位に差があるといえる．

Friedman順位検定

水準	度数	スコア和	スコアの期待値	スコア平均	(平均-平均0)/標準偏差0
A	10	35.000	30.000	3.50000	2.236
B	10	22.000	30.000	2.20000	-3.578
C	10	20.000	30.000	2.00000	-4.472
D	10	40.000	30.000	4.00000	4.472
E	10	33.000	30.000	3.30000	1.342

一元配置検定 (カイ2乗近似)

カイ2乗	自由度	p値(Prob>ChiSq)
11.9200	4	0.0180*

(3) 相関行列

　各評価者がどの程度似ているかをみるために，評価者同士の順位の相関係数を求める．評価者が 10 人いることから，評価者 S_1 と評価者 S_2，評価者 S_1 と評価者 S_3 というように，二人ずつの組合せが 45 通りできるため，相関係数も 45 個求められる．その結果を相関行列の形式で表示すると次のようになる．

　評価者 S_1 は S_2, S_3, S_5 との相関係数が 0.9 となり，S_6, S_{10} との相関係数は 0.8 となっていて，$S_1, S_2, S_3, S_5, S_6, S_{10}$ の評価者は非常に似た順位付けをしていることが読み取れる．評価者 S_4 は他の評価者のだれに対しても負の相関係数を示しており，評価者 S_4 だけが異質な順位付けをしていることがわかる．

	S_1	S_2	S_3	S_4	S_5	S_6	S_7	S_8	S_9	S_{10}
S_1	1									
S_2	0.9	1								
S_3	0.9	0.8	1							
S_4	−0.6	−0.7	−0.5	1						
S_5	0.9	0.8	0.7	−0.8	1					
S_6	0.8	0.9	0.6	−0.9	0.9	1				
S_7	−0.1	−0.2	0	−0.5	0.2	0.1	1			
S_8	−0.3	−0.1	−0.5	−0.5	0.1	0.3	0.5	1		
S_9	0.5	0.6	0.6	−0.9	0.6	0.7	0.6	0.3	1	
S_{10}	0.8	0.6	0.5	−0.5	0.9	0.7	0	0	0.2	1

＜2. 主成分分析の適用＞

データ表5.5に対して適用すると，次のような主成分負荷プロットと主成分スコアプロットが得られる．この例では，主成分スコアプロットに注目する．

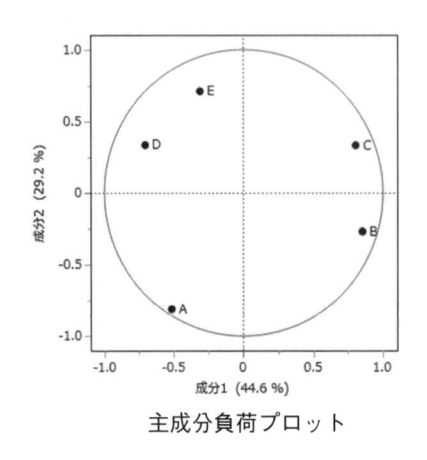

主成分負荷プロット

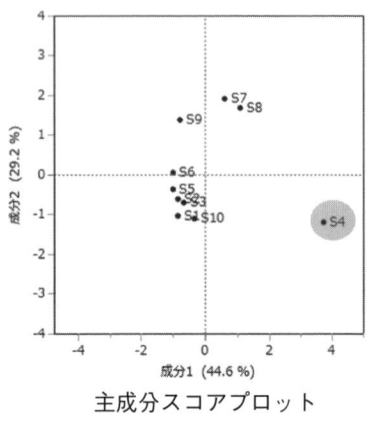

主成分スコアプロット

主成分スコアプロットをみると，評価者S_4が他の評価者と大きく離れたところに位置していて，他の評価者とは異質であることがわかる．

さて今度は，表5.5の"行"と"列"を転置させて，次のようなデータ表に置き替える．

評価者	S_1	S_2	S_3	S_4	S_5	S_6	S_7	S_8	S_9	S_{10}
A	5	5	5	3	4	4	1	1	3	4
B	2	1	2	5	2	1	3	2	1	3
C	1	2	1	4	1	2	2	4	2	1
D	4	4	3	1	5	5	4	5	4	5
E	3	3	4	2	3	3	5	3	5	2

これは，評価者を変数とするデータに変えたことを意味している．このデータ表に対して主成分分析を適用する．

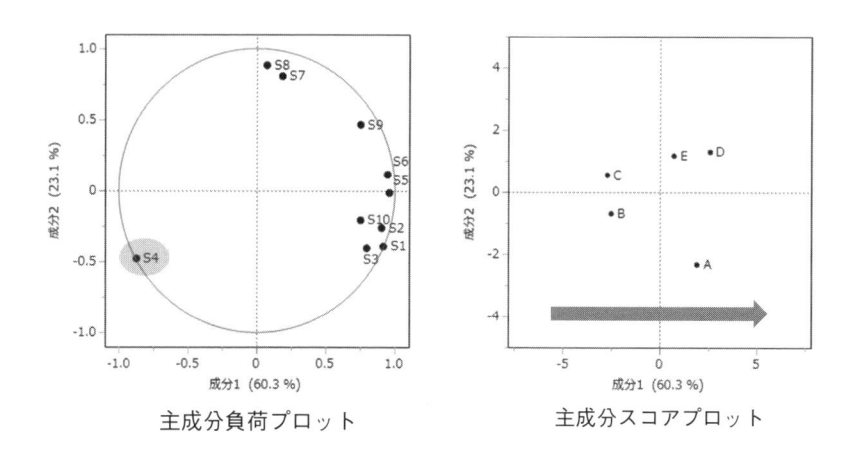

主成分負荷プロット　　　　　　主成分スコアプロット

変数を評価者とする主成分分析における主成分負荷プロットでは，順位付けが似ている評価者同士は近くに位置することになり，評価者 S_4 が異質であることがわかる．

主成分スコアプロットでは，横軸の左から右に向かって，C，B，E，A，Dとなっており，これは順位の平均値が小さい順（好ましい順）に並んでいる．

●参考●　クラスター分析の併用 ────────────────

　クラスター分析と呼ばれる多変量解析の手法がある．この手法は，観測対象や変数の分類に有効で，"階層型クラスター分析"と"k-means クラスター分析"の 2 種類がある．

　"階層型クラスター分析"は，樹形図（デンドログラム）の形で観測対象同士，あるいは変数同士の近さを表現して，いくつのグループに分けるとよいかを探索的に吟味する手法であり，"k-means クラスター分析"は，分けたいグループ数をあらかじめ k 個と決めておいて，分類を実施する手法である．

　対象としているデータの数が少ないときは階層型クラスター分析が，多いときは k-means クラスター分析が適している．

　例 5.1 において，主成分スコアを使って，クラスター分析を実施すると，次のような"パン"の樹形図が得られる．

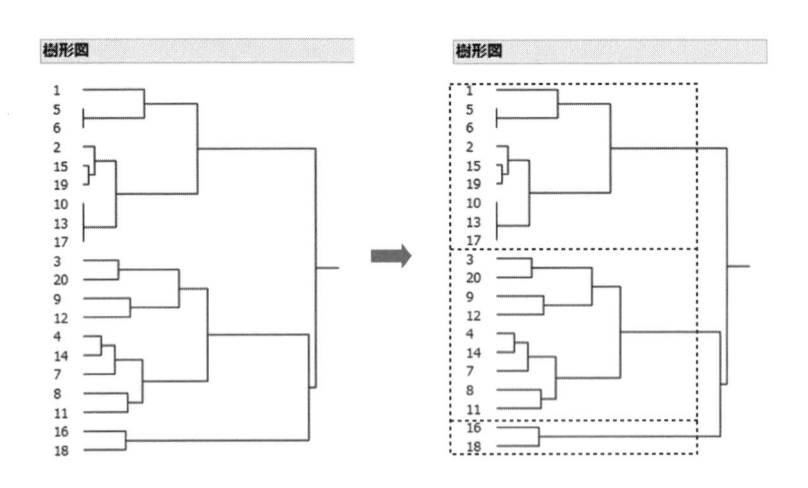

　この樹形図から，"パン"は次の三つのグループに分けるとよさそうである．

第 1 グループ → 1, 5, 6, 2, 15, 19, 10, 13, 17

第 2 グループ → 3, 20, 9, 12, 4, 14, 7, 8, 11

第 3 グループ → 16, 18

第6章　コレスポンデンス分析

6.1　コレスポンデンス分析の概要

6.1.1　コレスポンデンス分析とは

コレスポンデンス分析は，目的変数と説明変数という区別がないときに使う手法であり，適用できるデータの範囲が広く，官能評価において非常に有効な手法である.

【コレスポンデンス分析の目的】

コレスポンデンス分析は，主成分分析と同じく，多変量データを"見える化"（視覚化）して，観測対象（人や物）を分類するために活用される. 同時に，多変量データを構成している変数間の関係も視覚的に把握することができる手法である. 主成分分析が数値データを対象としているのに対して，コレスポンデンス分析はカテゴリデータを対象としている.

【コレスポンデンス分析が対象としているデータ表】

コレスポンデンス分析は，次の3通りのデータ表に対して適用することができる.

① 分割表（クロス集計表）

② 2値データ表（01 データ表）

③ アイテムカテゴリデータ表

分割表について説明しよう. いま，最も好きな食べ物と最も好きなお菓子を次のように選択回答形式で質問したとしよう.

（質問1）最も好きな食べ物を選んでください.
　　　　□ カレー　　　□ かつ丼　　　□ 天丼　　　□ 親子丼
（質問2）最も好きなお菓子を選んでください.
　　　　□ せんべい　　□ ケーキ　　□ クッキー

　この回答結果を質問ごとに集計することを "単純集計" といい，得られる集計表を "単純集計表"，あるいは "度数分布表" と呼んでいる．一方，この二つの質問に対する回答結果を組み合わせて集計することを "クロス集計" といい，得られる集計表を "分割表"，あるいは "クロス集計表" と呼んでいる．

　分割表は二元表の形となり，表中の数字は人数，あるいは個数を示している．分割表の例を次に示そう．

好きなお菓子

		せんべい	ケーキ	クッキー
	カレー	11	28	10
	かつ丼	5	3	2
好きな食べ物	親子丼	10	5	9
	天　丼	12	5	13

　"2値データ表（01データ表）" は，複数回答で得られるようなデータを一覧表にしたものである．ある製品について感じたことにすべてチェックさせる質問をしたときに得られるデータで，複数回答形式の調査で得られるものである．また，官能評価の分野では，"CATA法"（Check-All-That-Apply法）で得られるデータがこのような2値データ表となる．CATA法は，試料（製品）に対して複数の官能特性を呈示して，各官能特性の有無（感じるか否か）をチェックさせる評価方法である．2値データ表になる評価例を次に示そう．

（質問）　次の特性の中で，感じたものにいくつでもチェックをしてください．
　　　　　□ 甘い
　　　　　□ 酸っぱい
　　　　　□ 辛い
　　　　　□ 油っぽい
　　　　　□ ざらざら
　　　　　□ 噛みやすい

この評価を複数の評価者に実施してもらうと，次のようなデータ表が得られる．さらに，一つの試料だけでなく，複数の試料について実施することで，その結果を集計して，"行"を官能特性，"列"を試料とする分割表に整理することで，それもコレスポンデンス分析で解析することができることから，コレスポンス分析は，CATA法によって得られたデータの標準的な解析方法としても位置付けられる．

回答者	甘い	酸っぱい	辛い	油っぽい	ざらざら	噛みやすい
1	1	1	0	0	0	0
2	0	1	0	0	0	0
3	0	0	1	1	0	0
…	…	…	…	…	…	…

"アイテムカテゴリデータ表"について補足する．アンケート調査における選択回答形式の質問を想定してほしい．各質問を"アイテム"，各質問の選択肢を"カテゴリ"と呼んでいる．したがって，"アイテムカテゴリデータ"とは，質問項目を変数，選択肢を回答者のデータとする多変量データであり，アンケート調査では最も一般的なデータ表である．次に示そう．

回答者	好きな食べ物	好きなお菓子	好きな麺類	
1	カレー	せんべい	ラーメン	← アイテム
2	かつ丼	ケーキ	ラーメン	← カテゴリ
3	天丼	クッキー	うどん	
…	…	…	…	

"好きな食べ物""好きなお菓子""好きな麺類"がアイテムであり，多変量データにおける変数となる．

コレスポンデンス分析は"対応分析"，あるいは"数量化理論III類"という呼び方で紹介されることもある．なお，コレスポンデンス分析は"単純コレスポンデンス分析"と"多重コレスポンデンス分析"の2種類がある．

この "単純コレスポンデンス分析" で解析するのが分割表と2値データであり, アイテムカテゴリデータの解析には "多重コレスポンデンス分析" を用いる. なお, 単純コレスポンデンス分析は単に "コレスポンデンス分析" と呼ぶのが一般的である. 以降, コレスポンデンス分析というときは単純コレスポンデンス分析を指す.

6.1.2 コレスポンデンス分析の考え方

コレスポンデンス分析は, 主成分分析と同様に, データの情報をできるだけ失うことなく, 2次元又は3次元の座標にデータを視覚化する手法である. 主成分分析が数値データ (量的データ) を対象とする手法であるのに対して, コレスポンデンス分析は, カテゴリデータ (質的データ) を対象とする手法であるといえる.

コレスポンデンス分析は, 対象としている二元表の行と列を "並べ替えて" 行と列の似ているものを発見する手法であると位置付けることができる. いま, 次のような2値データ表が得られているとしよう.

回答者	A_1	A_2	A_3	A_4	A_5
1	1	0	0	1	0
2	0	1	0	1	0
3	0	1	0	1	0
4	1	0	0	1	1
5	0	0	1	0	0
6	0	0	0	0	1
7	0	1	1	1	0
8	1	0	0	1	0

この表において, どの "行" (回答者1〜8) 同士が, "1" の付け方が似ているか, どの "列" (A_1〜A_5) 同士が, "1" の付け方が似ているかをみつけたい. このためには, できるだけ対角線に沿って "1" が並ぶように行と列を並べ替えるとわかりやすく, 次のようになる.

回答者	A_5	A_1	A_4	A_2	A_3
6	1	0	0	0	0
4	1	1	1	0	0
1	0	1	1	0	0
8	0	1	1	0	0
2	0	0	1	1	0
3	0	0	1	1	0
7	0	0	1	1	1
5	0	0	0	0	1

二つのデータ表は，全く同じ情報であるが，並べ替えることにより，どの行同士，あるいは列同士が似ているかを発見しやすくなることがわかるであろう．このような並べ替えを数学的に実施しているのがコレスポンデンス分析である．

6.2 コレスポンデンス分析の実際

6.2.1 分割表への適用

コレスポンデンス分析を分割表に適用する例を紹介する．

■例 6.1

5 種類の化粧水 A，B，C，D，E について，"最も香りの好ましいものを一つ選ぶ" という官能評価を実施して，年代別に集計した結果が次の分割表である．表内の数字は人数を表している．

このデータに対して，コレスポンデンス分析を適用する．

化粧水

		A	B	C	D	E
	20 代	7	9	22	8	11
	30 代	7	9	8	19	10
年代	40 代	8	23	11	10	9
	50 代	21	10	9	11	12

【モザイク図による視覚化】

コレスポンデンス分析を実施する前に，分割表のデータをモザイク図で視覚化してみる．

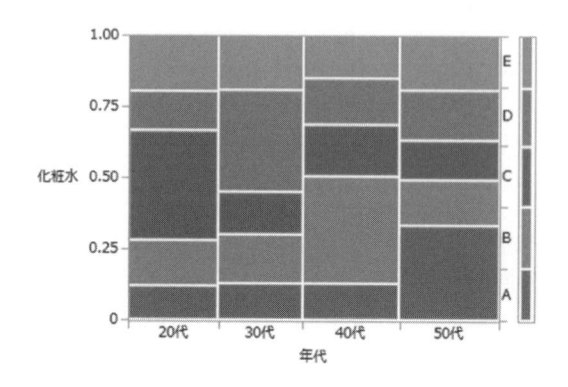

【χ^2検定】

分割表における年代と化粧水が独立かどうかという検定を実施すると，P値 < 0.0001（χ^2値 $= 39.313$）となり，有意であるという結果が得られ，年代と化粧水は独立ではない（関係がある），すなわち，年代によって好ましいとする化粧水に違いがあるという結論が得られる．

【コレスポンデンス分析の結果】

コレスポンデンス分析の結果，次のような行要素（年代）と列要素（化粧水）の布置図が得られる．

20代は化粧水C，30代は化粧水D，40代は化粧水B，50代は化粧水Aを好んでいることから，近くに位置している．一方で，化粧水Aは50代，化粧水Bは40代，化粧水Cは20代，化粧水Dは30代に好まれているという見方も可能である．特定の年代に好まれているという特色がない化粧水Eは，原点近くに位置する．これは，コレスポンデンス分析の特徴である．

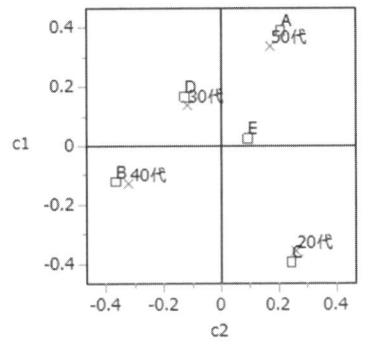

☒ 年代 　☐ 化粧水

特異値	慣性	割合	累積
0.26454	0.06998	0.4165	0.4165
0.23315	0.05436	0.3235	0.7401
0.20896	0.04367	0.2599	1.0000

分割表の情報の約74%がこの布置図に表現できている.

6.2.2 2値データ表への適用

コレスポンデンス分析を2値データ（01データ）に適用する例を紹介する.

■例6.2

ある一つの化粧水について，強く感じる特性をいくつでもよいので選んでもらうという調査を9人の評価者が実施した．その評価結果を一覧にしたものが次のデータ表である.

回答者	べたつき	冷感	さらさら	濃厚	浸透	乾き	なめらか
1	0	0	1	0	1	0	1
2	0	0	1	1	0	1	1
3	0	1	1	1	0	0	0
4	1	0	0	1	0	0	0
5	0	0	1	1	1	1	0
6	1	1	0	1	0	0	0
7	0	1	1	1	0	0	1
8	1	0	0	0	0	1	0
9	1	1	0	1	0	1	1

　表中の"1"は，該当する特性を強く感じたことを意味している．このデータをコレスポンデンス分析で解析する．

【Cochran の Q 検定】

　コレスポンデンス分析を適用する前に，各特性を感じた人数（割合）に差があるかどうかを検定しておくのもよいだろう．このためには，"Cochran の Q 検定"を使うことになる．この例では，P 値 = 0.4779 となり，有意でないという結果が得られ，各特性を感じた人数に差があるとはいえないという結論になる．

【コレスポンデンス分析の結果】

　コレスポンデンス分析を適用すると，次のような布置図を作成することができる．特性を強く感じたというパターンが似ている回答者同士は近くに位置する．また，同時にチェックされることが多い特性同士は近くに位置する．2 値データ表に対するコレスポンデンス分析では，強く感じたという数が多い特性は，原点の近くに位置するという性質がある．

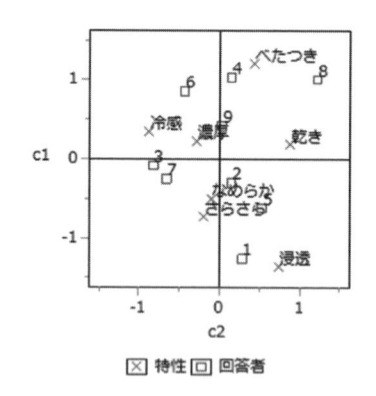

特異値	慣性	カイ2乗	パーセント	累積 %
0.60653	0.36788	23.177	36.79	36.79
0.50769	0.25775	16.238	25.77	62.56
0.38741	0.15008	9.455	15.01	77.57
0.34998	0.12249	7.717	12.25	89.82
0.23528	0.05536	3.487	5.54	95.36
0.21550	0.04644	2.926	4.64	100.00

【2 値データのときの注意点】

次のような架空のデータをコレスポンデンス分析で解析してみる.

回答者	べたつき	冷感	さらさら	濃厚	浸透	乾き	なめらか
1	1	1	0	1	0	1	0
2	1	0	1	1	0	0	0
3	0	1	1	1	0	0	0
4	1	1	1	1	0	1	0
5	1	1	1	0	1	1	1
6	0	1	0	1	1	0	0
7	0	0	0	1	1	0	1
8	0	0	0	1	0	1	1
9	0	1	0	1	1	1	1

解析して得られる布置図は,次のようになる.

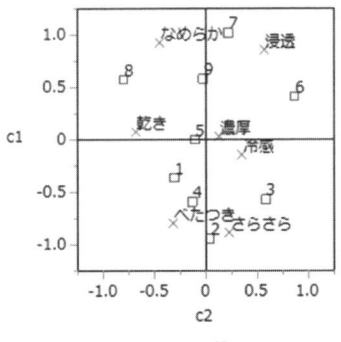

☒ 特性 ☐ 回答者

回答者5と"濃厚"が近くに位置する．このことから，回答者5は"濃厚"と強く感じているように解釈してしまうが，データをみると，回答者5は"濃厚"と強く感じていない（"1"ではない）．この現象は，2値データの場合，"多数派は原点付近に集まる"という性質から，回答者5は多くの特性を強く感じ，"濃厚"は多くの回答者が強く感じており，どちらも原点付近に集まっていることによる．このように，原点付近に位置する項目の解釈には，注意が必要である．

【2値データの拡張】

先の例は"一つの化粧水"に関する結果である．"複数の化粧水"になったときには"1"の数を集計して，例えば，4種類の化粧水を呈示したときには，最初に次のような分割表を作成する．

	べたつき	冷感	さらさら	濃厚	浸透	乾き	なめらか
化粧水1							
化粧水2							
化粧水3							
化粧水4							

この分割表に対して，コレスポンデンス分析を適用して，化粧水と官能特性の布置図を作成することができる．

6.2.3　多重コレスポンデンス分析の適用

カテゴリ変数が三つ以上あるようなデータに対してコレスポンデンス分析を適用するときには"多重コレスポンデンス分析"を利用する．

■例6.3

5種類の化粧水A，B，C，D，Eについて，最も香りの好ましいものを一つ選ぶという官能評価を評価者20人に実施した．同時に，年代と選んだ理由を聞いた（これは，例6.1と同じ状況で選んだ理由を追加したと考えられる）．

この評価結果を一覧にしたものが次のデータ表である．

回答者	化粧水	年代	理由
1	C	20	香り
2	C	20	香り
3	C	20	肌ざわり
4	A	20	肌ざわり
5	B	20	ブランド
6	D	30	香り
7	D	30	ブランド
8	D	30	肌ざわり
9	C	30	香り
10	E	30	香り
11	B	40	ブランド
12	B	40	ブランド
13	B	40	肌ざわり
14	A	40	香り
15	E	40	肌ざわり
16	A	50	肌ざわり
17	A	50	肌ざわり
18	A	50	ブランド
19	B	50	ブランド
20	D	50	香り

　このデータ表に対して，コレスポンデンス分析を適用する．ここでは，"化粧水""年代""理由"の三つの評価項目がある．二つならば，単純コレスポンデンス分析を適用することになるが，三つ以上のときには，"多重コレスポンデンス分析"を適用することになる．

【多重コレスポンデンス分析の結果】

　多重コレスポンデンス分析を適用すると，次のような布置図を作成することができる．

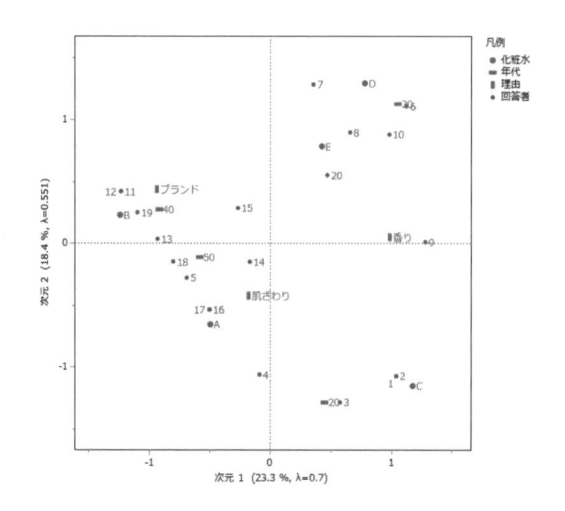

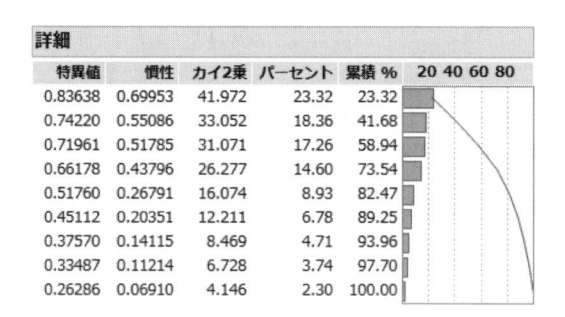

6.2.4　三元分割表の分析

コレスポンデンス分析は，分割表の解析に有用な手法であるが，この分割表が三元分割表になった場合の適用例を紹介する.

■例6.4

4種類のポテトチップスA，B，C，Dについて，最も好ましいものを一つ選ぶという味に関する官能評価を三つの地域（東京，大阪，静岡）の中学生，高校生，大学生に実施した．評価者は合計362人である．その集計結果を次のような三元分割表に整理した．このデータをコレスポンデンス分析で解析する.

学校	地域	ポテトチップス			
		A	B	C	D
中学	東京	28	11	7	11
	大阪	22	10	6	9
	静岡	18	8	7	11
高校	東京	5	16	6	5
	大阪	4	18	7	6
	静岡	3	17	6	7
大学	東京	22	8	7	4
	大阪	6	18	7	7
	静岡	5	5	6	19

【三元分割表の二元化】

　上記の集計表の項目は，"ポテトチップス" "学校" "地域" の三つである．項目数が3以上あるときには，単純コレスポンデンス分析ではなく，多重コレスポンデンス分析を適用するのが定石であるが，ここでは，三元表を二元化して，単純コレスポンデンス分析を適用する方法を紹介する．

　このような三元表は，次のように項目同士を組み合わせた三つの二元表に変換することができる．この二元化した表のそれぞれに単純コレスポンデンス分析を3回適用するという方法が考えられる．ここでは，ポテトチップスの銘柄と地域を組み合わせた二元表（3）に対する単純コレスポンデンス分析の結果を示すこととしよう．

二元表（1）

学校・地域	A	B	C	D
中学・東京	28	11	7	11
中学・大阪	22	10	6	9
中学・静岡	18	8	7	11
高校・東京	5	16	6	5
高校・大阪	4	18	7	6
高校・静岡	3	17	6	7
大学・東京	22	8	7	4
大学・大阪	6	18	7	7
大学・静岡	5	5	6	19

二元表（2）

銘柄・学校	東京	大阪	静岡
A・中学	28	22	18
B・中学	11	10	8
C・中学	7	6	7
D・中学	11	9	11
A・高校	5	4	3
B・高校	16	18	17
C・高校	6	7	6
D・高校	5	6	7
A・大学	22	6	5
B・大学	8	18	5
C・大学	7	7	6
D・大学	4	7	19

二元表 (3)

銘柄・地域	中学	高校	大学
A・東京	28	5	22
B・東京	11	16	8
C・東京	7	6	7
D・東京	11	5	4
A・大阪	22	4	6
B・大阪	10	18	18
C・大阪	6	7	7
D・大阪	9	6	7
A・静岡	18	3	5
B・静岡	8	17	5
C・静岡	7	6	6
D・静岡	11	7	19

【コレスポンデンス分析の結果】

　ポテトチップスの銘柄 A と銘柄 B は，地域の違いに関係なく好まれていて，銘柄 A は中学生，銘柄 B は高校生に好まれていることがわかる．銘柄 D は，地域によって好まれ方にばらつきがあるという布置図になっている．

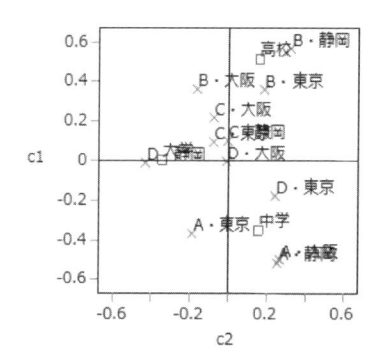

6.2.5　近さの分析

コレスポンデンス分析の応用例として，近さを表す親近性が得られているデータに対する適用方法を紹介する.

■**例 6.5**

5 種類のミネラルウォーターA，B，C，D，E について，二つずつ取り上げて，互いに味がどの程度似ているかを評価した．似ている程度は，次のような 6 段階の評価とした.

　　　0　全く同じ
　　　1　非常に似ている
　　　2　似ている
　　　3　あまり似てない
　　　4　似ていない
　　　5　全く似ていない

この評価を 10 人の評価者に実施してもらい，合計点を行列の形式で二元表に整理したものが次の集計表である.

	A	B	C	D	E
A	—	39	38	20	36
B	39	—	22	36	42
C	38	22	—	41	37
D	20	36	41	—	38
E	36	42	37	38	—

この表は，二つずつの組合せにおける"似ていない度合い"を整理したもので，数字が大きいものほど"似ていない"ことを示している．このような表は，"距離行列"と呼ばれている．この距離行列を解析して，五つのミネラルウォーターの銘柄の布置図をつくることを考える．この目的を達成するのに適した解析手法は，"多次元尺度構成法"（Multi-Dimensional Scaling：MDS）と呼ば

れる方法である（付録6，173ページ参照）．しかし，ここでは上記の距離行列を"親近行列"（数字の大きいものほど似ている．）に変換して，かつ，その表を分割表とみなして，コレスポンデンス分析で解析する方法を紹介する．

　まずは，距離行列を親近行列に変換する．この変換は，距離行列における数値の最大値（この例では，"42"）から各数値を引けばよい．なお，同じもの同士の距離は"0"としておく．次のような親近行列が得られる．

	A	B	C	D	E
A	42	3	4	22	6
B	3	42	20	6	0
C	4	20	42	1	5
D	22	6	1	42	4
E	6	0	5	4	42

　この親近行列をあたかも分割表とみなして，コレスポンデンス分析を適用すると，次の布置図を作成することができる．

　ミネラルウォーターの銘柄 A と銘柄 D が近くに位置し，銘柄 B と銘柄 C が近くに位置していることから，銘柄 A と銘柄 D が似ている，銘柄 B と銘柄 C が似ているということを読み取ることができる．また，銘柄 E は，他の四つとは異質であるということもわかる．

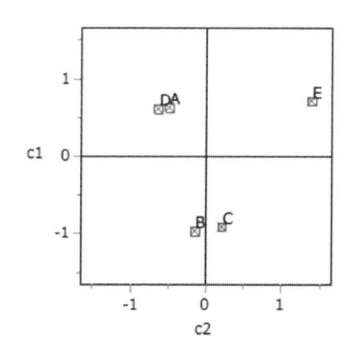

6.2.6　2点嗜好法への適用

複数の特性に実施した2点嗜好法の結果を多重コレスポンデンス分析で解析する方法と結果を紹介する.

■例 6.6

例4.4（66ページ）は，説明変数がすべてカテゴリデータで，目的変数（総合）もカテゴリデータであるときには，多重コレスポンデンス分析も適用してみるとよい.ロジスティック回帰分析とは別の視点で新たな知見が得られることがある.

"総合A"の近くに"くちどけA""まろやかさA""酸味A"が位置していて，"総合B"の近くには"くちどけB""まろやかさB""酸味B"が位置していることから，総合でAを選ぶかBを選ぶかには，"くちどけ""まろやかさ""酸味"が影響していることがわかる.これはロジスティック回帰分析の結果とも一致している.

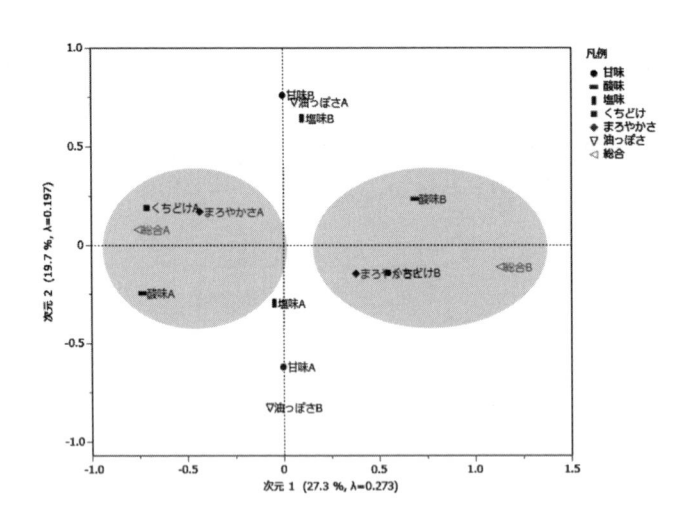

第7章　多変量分散分析

7.1　多変量分散分析の概要

7.1.1　多変量分散分析とは

"分散分析"は，ある一つの特性（例えば，"甘味"）について，二つ以上の平均値が得られるときに，それらの平均値に差があるかどうかを調べる手法である．この手法を拡張して，特性が二つ以上あるときに適用できる手法が"多変量分散分析"である．

【分散分析】

分散分析とは，目的変数 y があり，その y のデータを何らかのグループに分けたときに，グループごとの平均値に差があるかどうかをみるための解析方法である．グループの数は二つ以上に適用することができる．二つのときは t 検定の適用も可能である．実験計画法の分野では，グループの項目名は"因子"，グループの数は"水準数"と呼ばれる．例えば，血液型によって体重に差があるかというような分析をするときには，血液型を因子，その中身（A 型，B 型，O 型，AB 型）を"水準"といい，水準数は 4 である．

分散分析の結果は，"分散分析表"と呼ばれる統計量を整理した表に整理される．分散分析表に記載されている P 値が 0.05 以下のときには，各グループの平均値には"有意差がある"と判断する．

分散分析は，"ANOVA"（ANalysis Of VAriance）とも呼ばれている．

分散分析表の例

要因	自由度	平方和	平均平方	F値	p値(Prob>F)
ハンドクリーム	2	40.444444	20.2222	16.2500	0.0002*
誤差	15	18.666667	1.2444		
全体(修正済み)	17	59.111111			

【多変量分散分析】

　分散分析は，解析の対象となる特性（目的変数）の数が一つだけである．これに対して，特性が二つ以上あるときに用いる分散分析の手法が"多変量分散分析"である．例えば，"血液型によって体重と身長に差があるか"というような分析をするときには，目的変数が二つになるので，多変量分散分析を適用できる．

　多変量分散分析は，"MANOVA"（Multivariate ANalysis Of VAriance）とも呼ばれている．

7.1.2　多変量分散分析における検定

　多変量分散分析では，同じ目的（グループ間の平均に差があるかを検定する．）に対して，次の四つの検定統計量と P 値が算出される．

・Wilks のラムダ（λ）

・Pillai のトレース

・Hotelling-Lawley のトレース

・Roy の最大根

どの方法が最適であるかはデータによって異なるので，一概にどの方法を採用すべきかということはできない．

　"Wilks のラムダ（λ）"は，サンプルサイズ（試料の数）が小さい場合や，グループごとのサンプルサイズが等しい場合，またグループごとの共分散行列が等しいという仮定が満たされている場合に最適であるといわれている．

　"Pillai のトレース"は，グループごとのサンプルサイズが異なる場合や，共分散行列が等しくないときに使いやすいといわれている．

　"Hotelling-Lawley のトレース"は，サンプルサイズが大きく，サンプルサイズが比較的等しいときに推奨される方法である．

　"Roy の最大根"は，計算過程で登場する固有値の最大値に焦点が当てられる．一般的には，あまり使用されない．

7.2 多変量分散分析の実際

7.2.1 分散分析

解析の対象とする特性が一つだけの分散分析と，二つ以上ある多変量分散分析とを区別しやすくするため，一つだけの場合を"単変量"（あるいは，"1 変量"）の分散分析と呼ぶことがある．まずは単変量の分散分析の例を紹介する．

■例 7.1

3 種類のハンドクリームについて，"うるおい感" "べたつき感" "香り" の三つの評価項目について，7 段階（7 が"最も好ましい"，1 が"最も好ましくない"）で採点した．評価者は 18 人を用意して，各評価者は一つのハンドクリームだけを評価した．どのハンドクリームを評価するかは，くじ引きで無作為に決めた．この評価結果が次の表 7.1 のデータ表である．

表 7.1 データ表

ハンドクリーム	うるおい感	べたつき感	香り
A_1	7	4	4
A_1	6	5	4
A_1	5	4	4
A_1	6	7	6
A_1	5	6	2
A_1	7	5	7
A_2	7	7	7
A_2	5	7	2
A_2	5	6	3
A_2	7	4	6
A_2	6	6	4
A_2	4	5	4
A_3	4	3	5
A_3	2	1	4
A_3	4	3	1
A_3	3	1	1
A_3	2	4	1
A_3	1	3	2

【グラフ化と分散分析の結果】

最初に，評価項目（目的変数）ごとに分散分析を実施した結果を示す．

＜ 1.“うるおい感”について＞

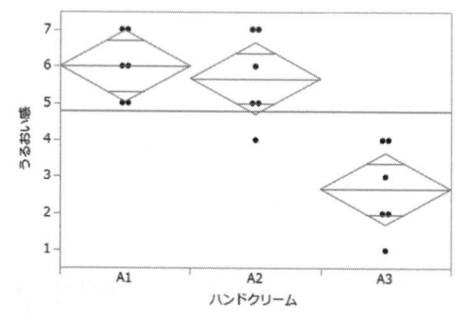

各水準の平均

水準	数	平均	標準誤差	下側95%	上側95%
A1	6	6.00000	0.45542	5.0293	6.9707
A2	6	5.66667	0.45542	4.6960	6.6374
A3	6	2.66667	0.45542	1.6960	3.6374

分散分析

要因	自由度	平方和	平均平方	F値	p値(Prob>F)
ハンドクリーム	2	40.444444	20.2222	16.2500	0.0002*
誤差	15	18.666667	1.2444		
全体(修正済み)	17	59.111111			

＜ 2.“べたつき感”について＞

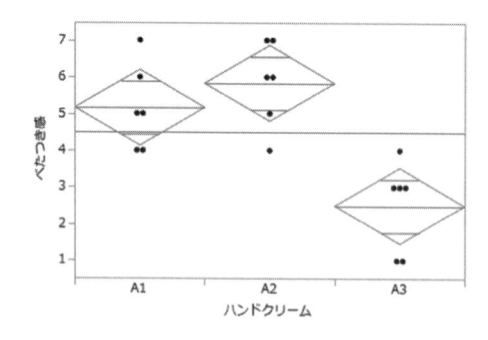

各水準の平均

水準	数	平均	標準誤差	下側95%	上側95%
A1	6	5.16667	0.48496	4.1330	6.2003
A2	6	5.83333	0.48496	4.7997	6.8670
A3	6	2.50000	0.48496	1.4663	3.5337

分散分析

要因	自由度	平方和	平均平方	F値	p値(Prob>F)
ハンドクリーム	2	37.333333	18.6667	13.2283	0.0005*
誤差	15	21.166667	1.4111		
全体(修正済み)	17	58.500000			

< 3. "香り" について >

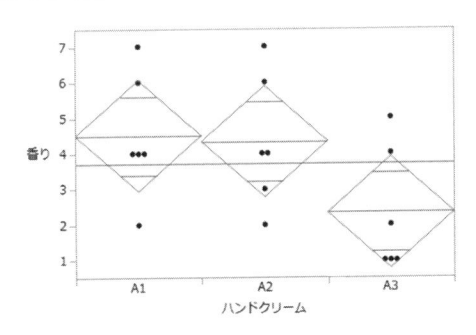

各水準の平均

水準	数	平均	標準誤差	下側95%	上側95%
A1	6	4.50000	0.73156	2.9407	6.0593
A2	6	4.33333	0.73156	2.7740	5.8926
A3	6	2.33333	0.73156	0.7740	3.8926

分散分析

要因	自由度	平方和	平均平方	F値	p値(Prob>F)
ハンドクリーム	2	17.444444	8.72222	2.7163	0.0985
誤差	15	48.166667	3.21111		
全体(修正済み)	17	65.611111			

"うるおい感" と "べたつき感" の P 値は 0.05 未満となっていて，この二つの変数は有意である．一方，"香り" の P 値は 0.0985 であるため，有意ではない．

7.2.2　多変量分散分析

特性ごとの単変量の分散分析に続いて，複数の特性をまとめて一度に解析する多変量分散分析を実施する.

【多変量分散分析の結果】

多変量分散分析を適用すると，次のような結果が得られる.

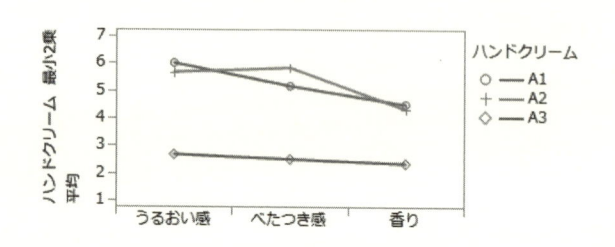

検定	値	近似のF検定	分子自由度	分母自由度	p値(Prob>F)
Wilksのλ	0.1813204	5.8432	6	26	0.0006*
Pillaiのトレース	0.8743022	3.6245	6	28	0.0087*
Hotelling-Lawley	4.2083353	8.8436	6	15.676	0.0003*
Royの最大根	4.1341325	19.2926	3	14	<.0001*

四つの検定の P 値はいずれも 0.05 未満で有意となっている.

【相関関係の確認】

目的変数同士の相関の強さを相関行列と散布図行列で確認しておく. 仮に，すべての変数同士が互いに無関係であるときには，多変量分散分析を実施する意味はない.

"べたつき感"と"香り"の相関係数が 0.3470 と弱いが，"うるおい感"は他の変数と相関があるといえる.

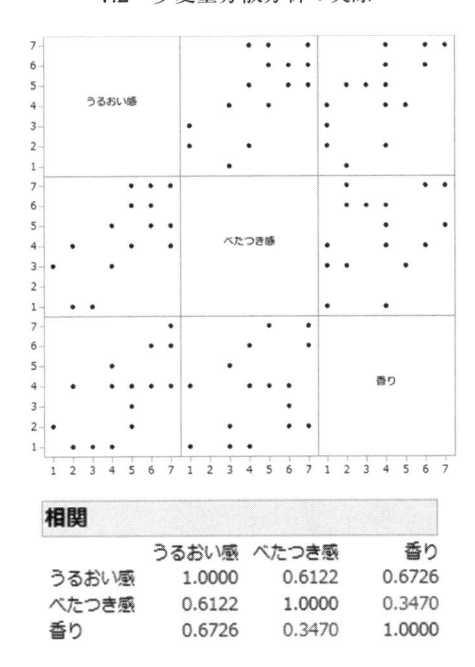

相関

	うるおい感	べたつき感	香り
うるおい感	1.0000	0.6122	0.6726
べたつき感	0.6122	1.0000	0.3470
香り	0.6726	0.3470	1.0000

【主成分分析による視覚化】

表 7.1 のデータに対して主成分分析を実施して，主成分スコアプロットを作成すると，次のようになる．横軸の左側（第 1 主成分スコアの小さいほう）に，A_3 のハンドクリームが集中している．A_1 と A_2 には，違いはなさそうである．

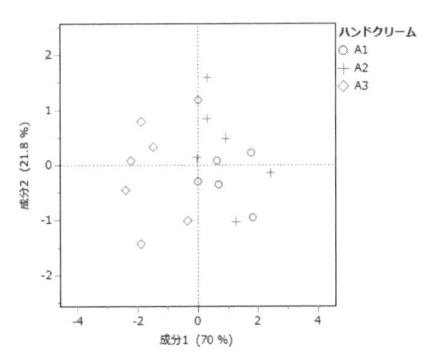

●参考●　乱塊法

ここでは，例7.1における評価者を6人として，どの評価者も三つのハンド
クリームを評価したとしよう．どのハンドクリームから評価するかは，評価者
ごとに無作為に決めるものとする．データ表は，次の表7.2のようになる．

表7.2　データ表

評価者	ハンドクリーム	うるおい感	べたつき感	香り
S_1	A_1	7	4	4
S_2	A_1	6	5	4
S_3	A_1	5	4	4
S_4	A_1	6	7	6
S_5	A_1	5	6	2
S_6	A_1	7	5	7
S_1	A_2	7	7	7
S_2	A_2	5	7	2
S_3	A_2	5	6	3
S_4	A_2	7	4	6
S_5	A_2	6	6	4
S_6	A_2	4	5	4
S_1	A_3	4	3	5
S_2	A_3	2	1	4
S_3	A_3	4	3	1
S_4	A_3	3	1	1
S_5	A_3	2	4	1
S_6	A_3	1	3	2

このようなデータの取り方をしたときには，評価者が因子となることに注意
されたい．"評価者"という因子が有意となるかどうかは主たる興味ではなく，
評価者の違いが誤差に入ってしまい，誤差が大きくなることで，ハンドクリー
ムの検定精度が悪くなることを防ぐのである．この意味での"評価者"のよう
な因子を"ブロック因子"，あるいは"変量因子"と呼んでいる．また，ブ
ロック因子を含む実験の方法を"乱塊法"と呼んでいる．

【乱塊法による分散分析の結果】

< 1. "うるおい感" の分散分析表 >

要因	自由度	平方和	平均平方	F値	p値(Prob>F)
ハンドクリーム	2	40.444444	20.2222	19.7826	0.0003*
評価者	5	8.444444	1.6889	1.6522	0.2333
誤差	10	10.222222	1.0222		
全体(修正済み)	17	59.111111			

< 2. "べたつき感" の分散分析表 >

要因	自由度	平方和	平均平方	F値	p値(Prob>F)
ハンドクリーム	2	37.333333	18.6667	10.3704	0.0036*
評価者	5	3.166667	0.6333	0.3519	0.8698
誤差	10	18.000000	1.8000		
全体(修正済み)	17	58.500000			

< 3. "香り" の分散分析表 >

要因	自由度	平方和	平均平方	F値	p値(Prob>F)
ハンドクリーム	2	17.444444	8.72222	3.0545	0.0922
評価者	5	19.611111	3.92222	1.3735	0.3123
誤差	10	28.555556	2.85556		
全体(修正済み)	17	65.611111			

　"うるおい感" と "べたつき感" については，ハンドクリームの P 値が 0.05 未満で有意となっている．これは 3 種類のハンドクリーム A_1, A_2, A_3 に差があることを示している．また評価者は，"うるおい感""べたつき感""香り" のいずれの特性でも，P 値が 0.05 よりも大きく，有意でない．これは 6 人の評価者 S_1, S_2, S_3, S_4, S_5, S_6 に差が認められないことを示している．

　乱塊法では，評価者が有意かどうかを調べることは主たる目的ではなく，評価者による評価の違いが誤差に入らないようにすることを目的としている．誤差に入ると，誤差の値が大きくなり，試料（この場合，ハンドクリーム）の違いを検出しにくくなる．

第8章　三元データの多変量解析

8.1　官能評価における三元データの構造

8.1.1　三元データの構造

官能評価のデータには，評価する人（評価者），評価されるもの（試料），評価する項目（特性）が登場する．これらのすべてが複数個以上あるデータは，"三元データ"となる．

【評価者×試料×特性】

官能評価におけるデータ表の形式は，"評価者" "試料" "特性" の三元データとなる場合が多くみられる．いま，評価者が S_1 から S_k の k 人，試料が A_1 から A_n の n 個，特性が X_1 から X_m の m 個であるとする．例えば，評価者 S_1 という一人の評価者から次のような "試料"×"特性" の二元データ表が得られる．

		特　性					
		X_1	X_2	・	・	・	X_m
試料	A_1						
	A_2						
	…						
	…						
	A_n						

このデータ表が評価者 S_1 から評価者 S_k の k 人から得られることになるため，次のような三元データ表となる．

S_k

	X_1	X_2	·	·	·	X_m
A_1						
A_2						

S_2

	X_1	X_2	·	·	·	X_m
A_1						
A_2						

S_1

	X_1	X_2	·	·	·	X_m
A_1						
A_2						
…						
…						
…						
A_n						

　このようなデータに対する多変量解析は，評価者について平均値をとり，"試料"×"設問"の二元表の形式にしてから適用するのが定石である．本章では，平均（値）を使わずに解析する方法を紹介する．

8.1.2　三元データから二元データへの変換

　多変量解析は二元データに適用するのが一般的である．三元データであっても，様々な方法で二元化することで多変量解析を適用できることを示そう．

【層別による変換】

（1）試料で層別

　試料別に"評価者"×"特性"の二元表を作成して解析を実施する．このときのデータ表は，次のような形式の表となる．

試料別		特　性					
		X_1	X_2	·	·	·	X_m
評価者	S_1						
	S_2						
	…						
	…						
	S_k						

（2）評価者で層別

　評価者別に "試料"×"特性" の二元表を作成して解析を実施する．このときのデータ表は，次のような形式の表となる．

評価者別		特　性					
		X_1	X_2	·	·	·	X_m
試料	A_1						
	A_2						
	…						
	…						
	A_n						

（3）特性で層別

　特性別に "試料"×"評価者" の二元表を作成して解析を実施する．このときのデータ表は，次のような形式の表となる．

特性別

		評価者					
		S_1	S_2	·	·	·	S_k
試料	A_1						
	A_2						
	…						
	…						
	A_n						

【組合せによる変換】

(1) 試料と評価者の組合せ

"試料"と"評価者"を組み合わせて"行"とし，"試料・評価者"×"特性"の二元表を作成して解析を実施する．

		特　　性					
		X_1	X_2	·	·	·	X_m
試料・評価者	A_1S_1						
	A_1S_2						
	…						
	…						
	A_nS_k						

(2) 評価者と特性の組合せ

"評価者"と"特性"を組み合わせて"列"とし，"試料"×"評価者・特性"の二元表を作成して解析を実施する．

		評価者・特性					
		S_1X_1	S_1X_2	・	・	・	S_kX_m
試料	A_1						
	A_2						
	…						
	…						
	A_n						

（3）試料と特性の組合せ

"試料"と"特性"を組み合わせて"列"とし，"評価者"×"試料・特性"の二元表を作成して解析を実施する．

		試料・特性					
		A_1X_1	A_1X_2	・	・	・	A_nX_m
評価者	S_1						
	S_2						
	…						
	…						
	S_k						

8.2 三元データ解析の実際

8.2.1 特性ごとの解析

特性ごとに層別して二元化したデータを解析する方法と，組み合わせて二元化したデータを解析する方法を紹介する．

■例 8.1

5 種類の洗顔料について，六つの項目を 9 段階で評価してもらった．評価者の人数は 5 人である．この結果を整理したものが次の表 8.1 のデータ表である．

表8.1　データ表

評価者	試料	つっぱり感	さっぱり感	しっとり感	香り	べたつき	泡立ち
S_1	A	2	3	4	3	1	1
S_1	B	8	9	7	8	2	2
S_1	C	5	5	3	6	8	1
S_1	D	8	7	7	3	3	2
S_1	E	5	3	8	5	5	2
S_2	A	7	9	5	6	2	3
S_2	B	3	5	4	4	3	3
S_2	C	3	3	8	7	7	3
S_2	D	7	8	7	4	4	3
S_2	E	1	1	6	5	4	1
S_3	A	5	8	1	6	2	2
S_3	B	9	9	5	5	3	5
S_3	C	2	2	7	4	6	4
S_3	D	6	5	6	1	5	1
S_3	E	7	7	9	4	5	4
S_4	A	8	8	4	5	2	3
S_4	B	5	3	3	4	4	5
S_4	C	4	5	8	7	5	4
S_4	D	9	7	9	5	4	3
S_4	E	3	1	6	5	5	3
S_5	A	7	6	4	6	2	2
S_5	B	9	7	6	7	3	4
S_5	C	3	5	8	8	6	4
S_5	D	7	5	4	1	4	2
S_5	E	3	1	9	6	6	5

備考　評価者：S_1, S_2, S_3, S_4, S_5
　　　　洗顔料：A, B, C, D, E
　　　　評価項目：つっぱり感，さっぱり感，しっとり感，香り，べたつき，泡立ち
　　　　評価尺度：9非常によい　－　5普通　－　1非常に悪い

（1）二元配置分散分析による解析

特性ごとに"試料"と"評価者"を因子とする分散分析を実施する[*4].

＜1. つっぱり感＞

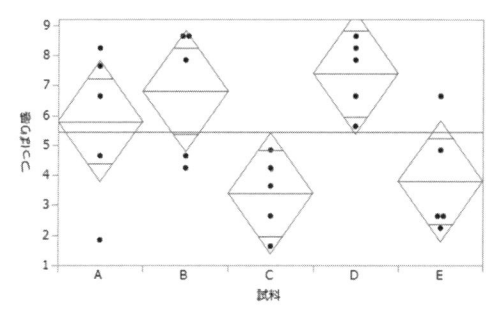

分散分析					
要因	自由度	平方和	平均平方	F値	p値(Prob>F)
試料	4	63.36000	15.8400	3.4699	0.0319*
評価者	4	9.76000	2.4400	0.5345	0.7124
誤差	16	73.04000	4.5650		
全体(修正済み)	24	146.16000			

[*4] "評価者"という因子は，有意かどうかよりも，評価者によるばらつきを誤差と分離することを目的としており，このような因子を"ブロック因子"と呼んでいる．ブロック因子を含む実験の方法を"乱塊法"と呼んでいる．

＜2.　さっぱり感＞

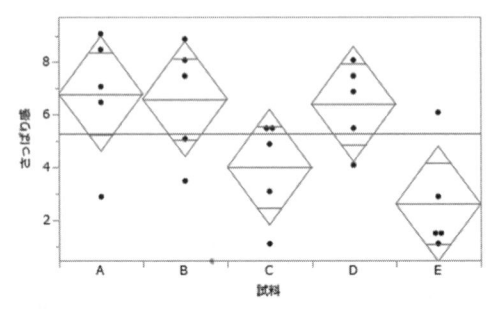

分散分析

要因	自由度	平方和	平均平方	F値	p値(Prob>F)
試料	4	70.64000	17.6600	3.2948	0.0377*
評価者	4	6.64000	1.6600	0.3097	0.8673
誤差	16	85.76000	5.3600		
全体(修正済み)	24	163.04000			

＜3.　しっとり感＞

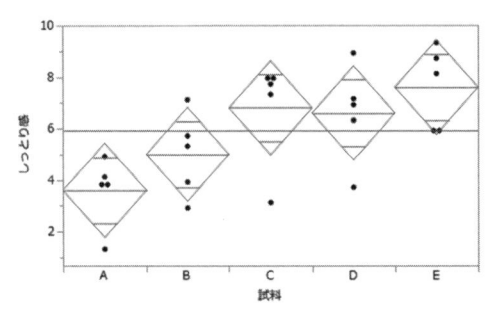

分散分析

要因	自由度	平方和	平均平方	F値	p値(Prob>F)
試料	4	51.44000	12.8600	3.4663	0.0320*
評価者	4	1.04000	0.2600	0.0701	0.9902
誤差	16	59.36000	3.7100		
全体(修正済み)	24	111.84000			

＜ 4. 香り＞

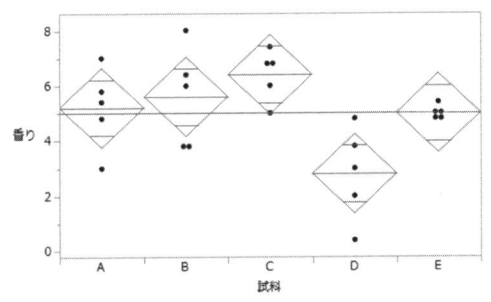

分散分析

要因	自由度	平方和	平均平方	F値	p値(Prob>F)
試料	4	36.000000	9.00000	3.9130	0.0211*
評価者	4	7.200000	1.80000	0.7826	0.5528
誤差	16	36.800000	2.30000		
全体(修正済み)	24	80.000000			

＜ 5. べたつき＞

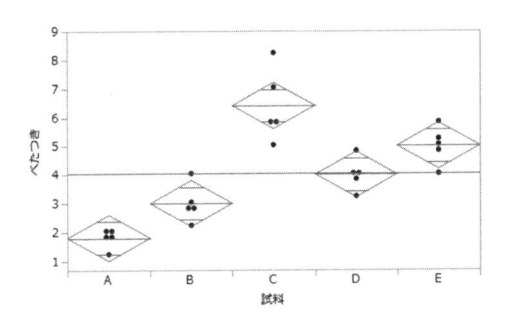

分散分析

要因	自由度	平方和	平均平方	F値	p値(Prob>F)
試料	4	62.960000	15.7400	22.0140	<.0001*
評価者	4	0.560000	0.1400	0.1958	0.9370
誤差	16	11.440000	0.7150		
全体(修正済み)	24	74.960000			

＜ 6. 泡立ち＞

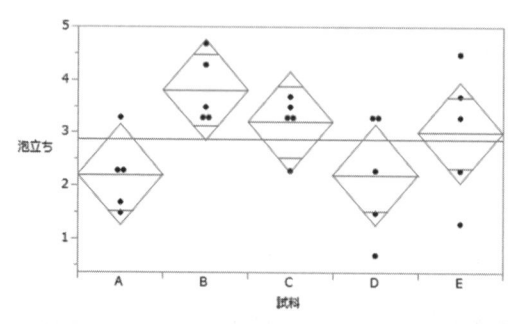

要因	自由度	平方和	平均平方	F値	p値(Prob>F)
試料	4	9.440000	2.36000	2.3366	0.0996
評価者	4	13.040000	3.26000	3.2277	0.0402*
誤差	16	16.160000	1.01000		
全体(修正済み)	24	38.640000			

以上から，特性ごとの分散分析の結果，"つっぱり感""さっぱり感""しっとり感""香り""べたつき"の五つの特性については，"試料"の P 値はいずれも 0.05 未満で有意であり，"評価者"は有意でないという結果が得られている．"泡立ち"では"試料"は有意でなく，"評価者"が有意となっている．

（2）主成分分析による解析

特性ごとに"試料"×"評価者"に対して主成分分析を実施する．

< 1. つっぱり感>

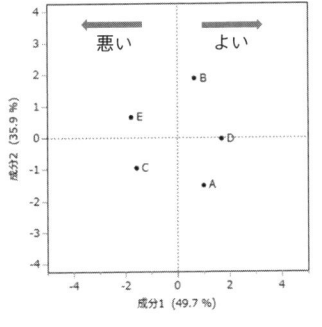

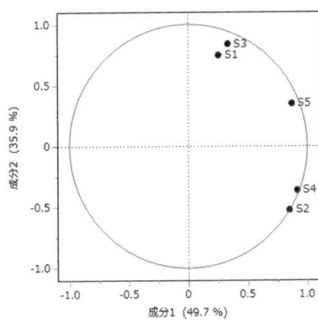

< 2. さっぱり感>

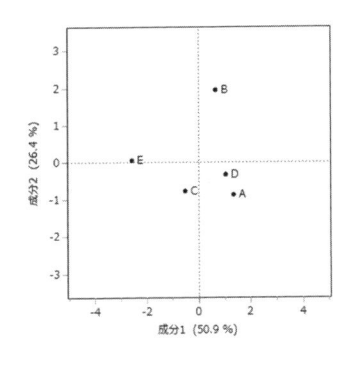

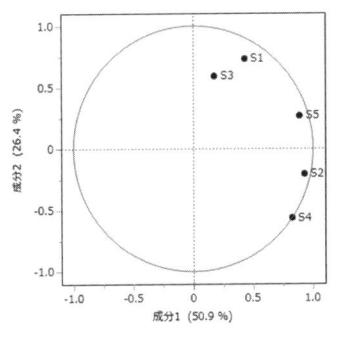

< 3. しっとり感>

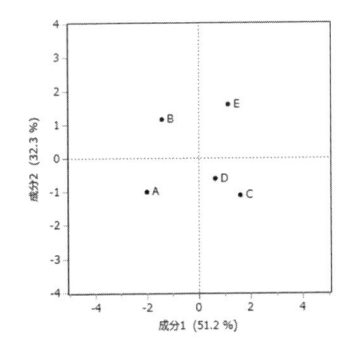

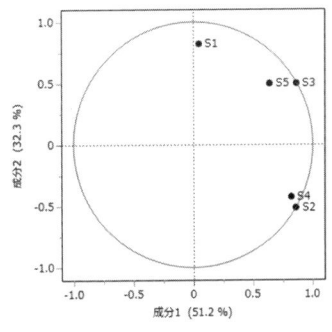

< 4. 香り >

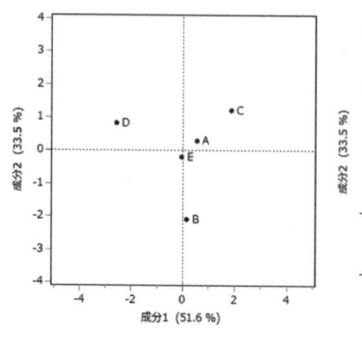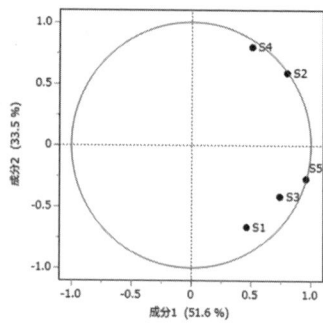

< 5. べたつき >

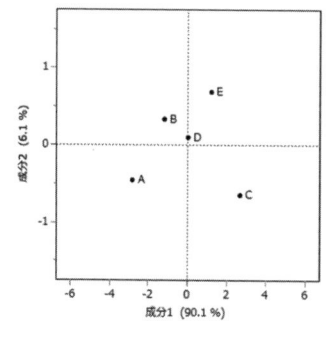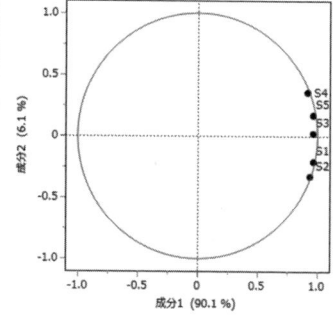

< 6. 泡立ち >

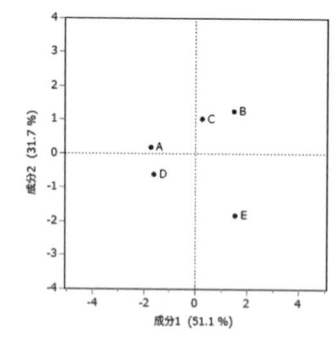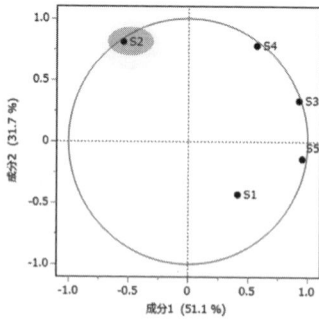

　主成分分析の各結果のグラフ（＜1. つっぱり感＞〜＜6. 泡立ち＞）は，左側が主成分スコアプロット，右側が主成分負荷プロットになっている．右側の主成分負荷プロットでは，評価者同士の相関が強いもの同士は近くに位置していて，評価の一致性をみることができる．"泡立ち"を除いて，どの特性も評価者は右側に位置している．"べたつき"が最も一致性が高くなっている．左側の主成分スコアプロットでは，各グラフ上の右側に位置している洗顔料がよい評価で，左側に位置している洗顔料が悪い評価となる．

　ところで，主成分分析を実施したときに得られる固有値を特性別に整理すると，次のようになる．

　"べたつき"の最大固有値が他の特性の最大固有値よりも大きい値（4.505）になっていることがわかる．このことは，"べたつき"に関する評価者の一致性が最も高いことと一致している．

　なお，"泡立ち"の主成分負荷プロットから，評価者 S_2 が異質な評価をしていることがわかる．

固有値	つっぱり感	さっぱり感	しっとり感	香り	べたつき	泡立ち
最大固有値	2.487	2.545	2.558	2.579	4.505	2.557
第2固有値	1.795	1.319	1.616	1.675	0.305	1.583
第3固有値	0.573	0.956	0.812	0.737	0.103	0.827
最小固有値	0.145	0.179	0.013	0.009	0.087	0.032

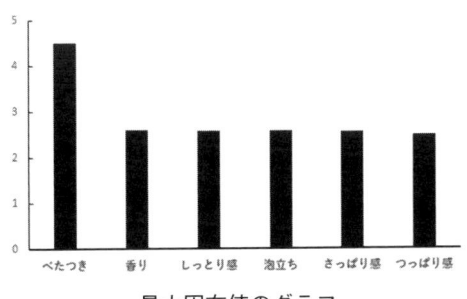

最大固有値のグラフ

8.2.2　組み合わせた解析

（1）試料と評価者の組合せ

"試料・評価者"×"特性"のデータに対して主成分分析を実施すると，次のような結果が得られる．

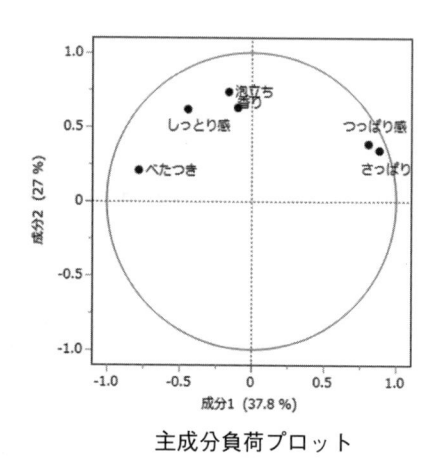

主成分負荷プロット

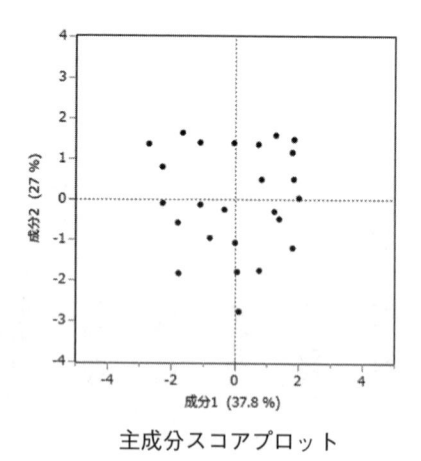

主成分スコアプロット

主成分スコアプロットは，データ表の各行がプロットされているため，この
グラフ上に評価者の情報を重ねてみる．

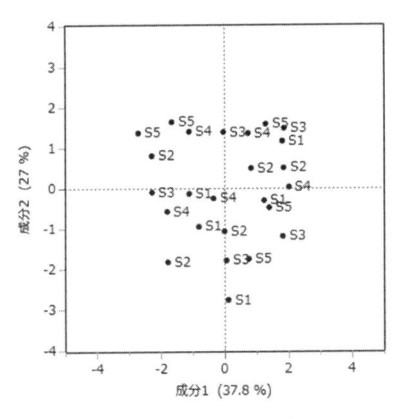

評価者を表示したプロット

同一の評価者が集まっているという傾向はみられない．集まっている評価者
がいたならば，その評価者は，試料を判別できていないという見方もできる．
今度は試料の情報を重ねてみる．左右（第1主成分の大小）それぞれに同一試
料が集まっているようにみえる．

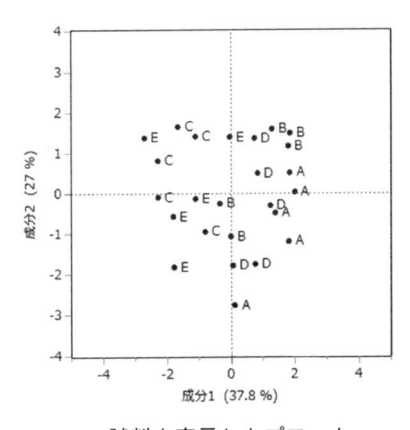

試料を表示したプロット

そこで，次のように，試料ごとにプロットしてみる．

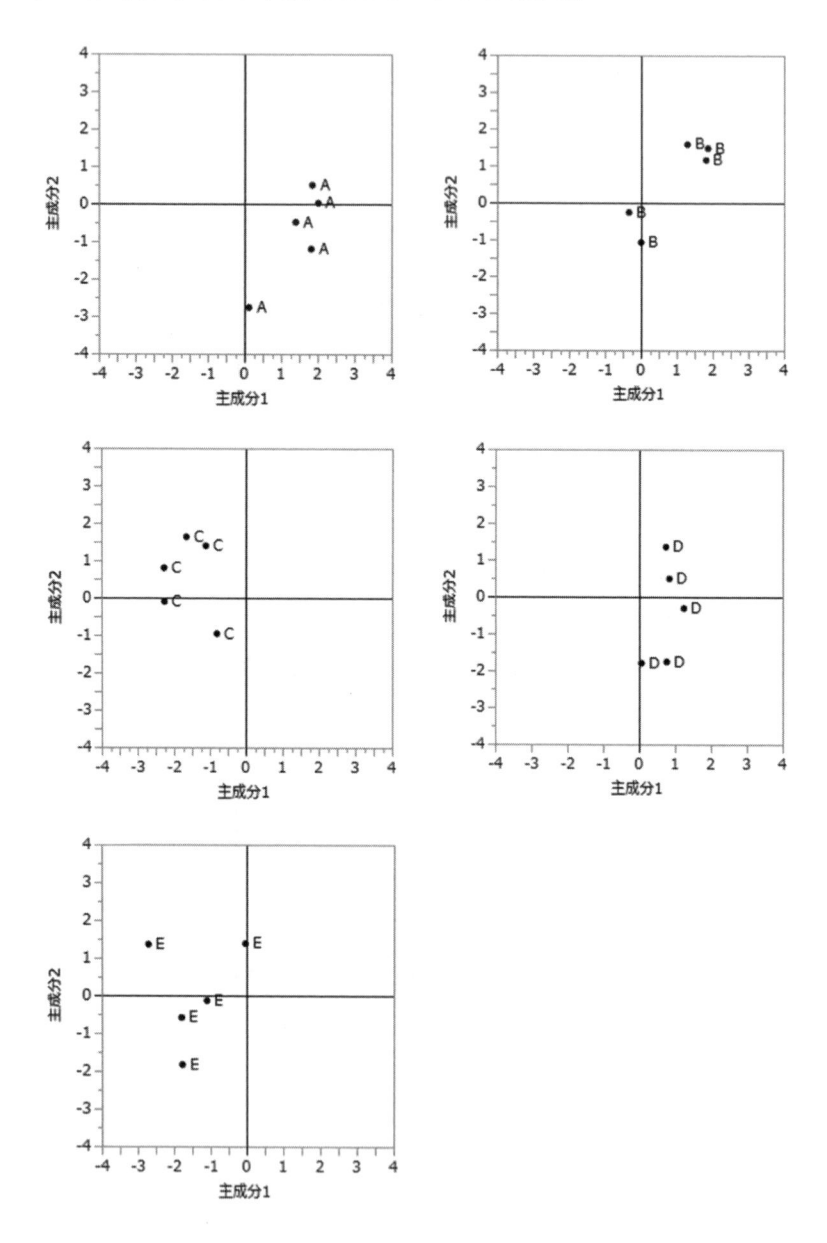

　試料 B 以外は，左右どちらかに偏って位置していることがわかる．

　ここで，主成分負荷プロットと主成分スコアプロットを重ねてみる．このようなグラフを"バイプロット"と呼んでいる．

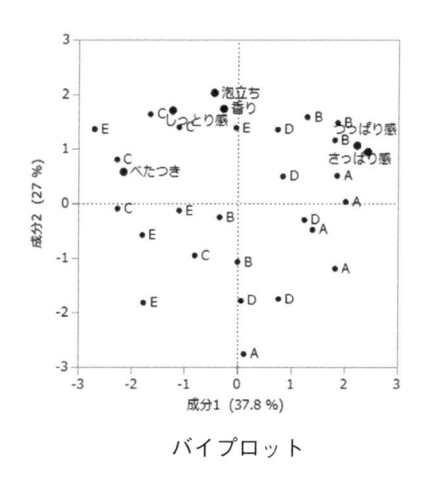

バイプロット

　試料 A と試料 D は"つっぱり感"と"さっぱり感"が好ましく，試料 C と試料 E は"しっとり感"と"べたつき"が好ましいという特徴を読み取ることができる．

　ところで，主成分分析は固有値の大きな主成分から順に，すなわち第 1 主成分から順に情報量が多いため，第 1 主成分や第 2 主成分に注目することが多いが，固有値の小さな主成分も外れ値の検出には有効なことがある．この例において，第 5 主成分と第 6 主成分（固有値最小の主成分）のスコアプロットを作成すると次のようになり，評価者 S_1 による試料 C の評価が外れ値となっている．

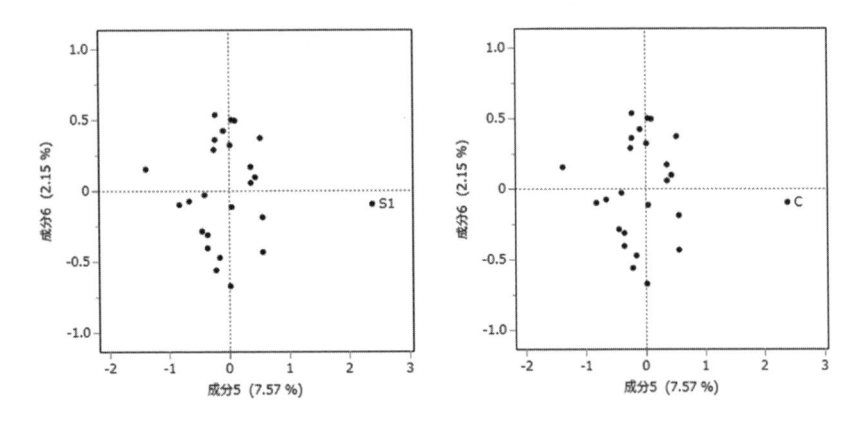

(2) 評価者と特性の組合せ

"試料"×"評価者・特性"のデータを解析する．データ表は，次のような形式になる．

試料	S_1 つっぱり感	S_1 さっぱり感	S_1 しっとり感	…	S_5 泡立ち
A					
B					
C					
D					
E					

このようなデータには"多重因子分析"が有効な解析方法である．各グループに含まれる"列"の数は，同じでなくてもよい．多重因子分析を実施するには，事前に評価者ごとにグループを作成する必要がある．一つのグループは，1人の評価者が実施した各特性で構成される．

この例では，評価者が5人いることから，五つのグループが作成される．このとき，評価者が調べる特性は，評価者によって異なってもよいというのが，この解析手法の特徴である．例えば，S_1 という評価者は，"つっぱり感""さっ

ぱり感”“しっとり感”を評価していて，S_2 という評価者は，“香り”“べたつき”“泡立ち”を評価しているということがあってもよいのである[*5].

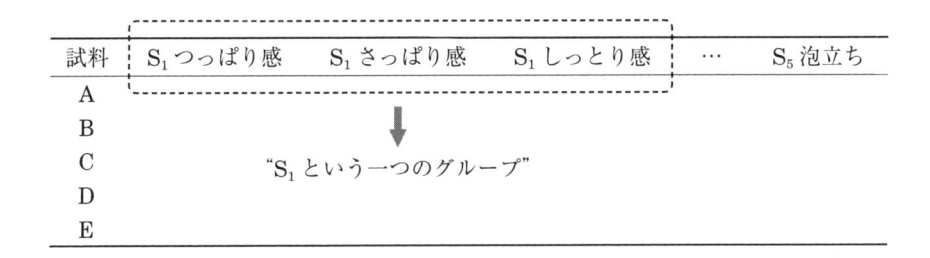

試料	S_1 つっぱり感	S_1 さっぱり感	S_1 しっとり感	…	S_5 泡立ち
A					
B					
C		“S_1 という一つのグループ”			
D					
E					

多重因子分析の主な目的は，試料の類似性をグラフで視覚化することと，異質な評価をする評価者を発見することである．

この例における多重因子分析の結果は，次のようになる．

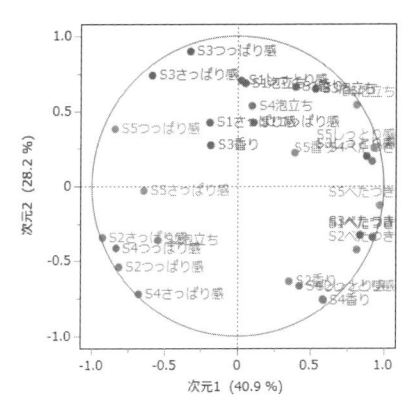

“評価者” と “特性” の布置図

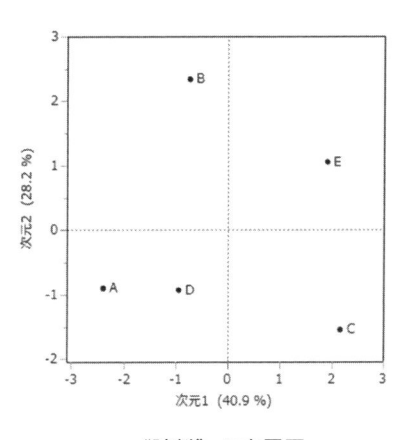

“試料” の布置図

[*5] 評価する特性が評価者によって異なるという状況は奇異に感じるであろうが，このような状況は，“自由選択プロファイリング”（free choice profiling）と呼ばれる官能評価の方法があり，この方法を用いたときには，評価者によって評価する特性が異なるのである．なお，この例では，すべての評価者が同じ特性を評価している．

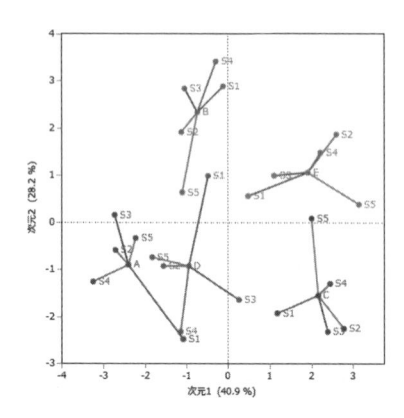

“評価者”“試料”の同時布置図

●参考●　判別分析 ────────────────────────────

　六つの特性で五つの試料を判別できるかどうかをみるときに使う手法として，
"ロジスティック回帰分析"と"判別分析"がある．ここでは，判別分析の結
果を参考までに示しておこう[6]．どの試料も 100％正しく判別できている．

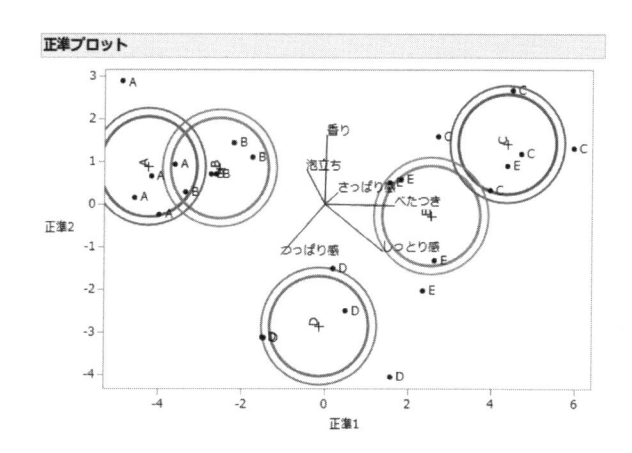

学習

実測値	予測値 度数				
試料	A	B	C	D	E
A	5	0	0	0	0
B	0	5	0	0	0
C	0	0	5	0	0
D	0	0	0	5	0
E	0	0	0	0	5

実測値	予測値 割合				
試料	A	B	C	D	E
A	1.000	0.000	0.000	0.000	0.000
B	0.000	1.000	0.000	0.000	0.000
C	0.000	0.000	1.000	0.000	0.000
D	0.000	0.000	0.000	1.000	0.000
E	0.000	0.000	0.000	0.000	1.000

───────────────────

[6]　このデータは，各評価者がすべての試料を評価しているため，あくまでも参考の解析
　　である．

付　録

1. JAR 尺度と解析
2. CATA 法と解析
3. MaxDiff 法
4. テキストマイニング
5. 一対比較法と解析
6. 距離と多次元尺度構成法

1. JAR 尺度と解析

【JAR 尺度】

製品のある特性について，"強度"を評価することがある．例えば，次のような5段階の評価である．

     1　弱すぎる（非常に不足）

     2　弱い（不足）

     3　ちょうどよい

     4　強い（多い）

     5　強すぎる（非常に多い）

この中央の"3"に位置する"ちょうどよい"は，"Just About Right"ということから，このような評価尺度を"JAR 尺度"と呼んでいる．

【解析方法】

JAR 尺度のデータを解析する方法としては，次の二つの方法が定番で，よく使われる．

・平均降下（mean drops）分析

・ペナルティ分析

ここでは，多変量解析に属する回帰分析による方法を紹介する．回帰分析の活用にあたって注意すべきことは，JAR 尺度は順序性をもつ尺度ではない点である．嗜好度を調べる通常の5段階評点などは，"1"よりも"2"，"2"よりも"3"のほうが好ましいという順序性があるが，JAR 尺度は，中央の"3"が最も好ましく，それより小さくても大きくても好ましさが低減する．このような特性は，嗜好度との相関係数などをみるときに注意が必要になる．

■例

　ある食品の"酸味"に注目して，"酸味"を感じる強さと"おいしさ"の関係を調べることとした．"酸味"と"おいしさ"は，次のような5段階で評価した．

	酸　味		おいしさ
1	弱すぎる	1	非常にまずい
2	弱い	2	まずい
3	ちょうどよい	3	普通
4	強い	4	おいしい
5	強すぎる	5	非常においしい

評価者は20人である．この結果を一覧表にしたものが次のデータ表である．

データ表

評価者	酸味	おいしさ	評価者	酸味	おいしさ
1	1	1	11	4	3
2	5	2	12	4	3
3	1	2	13	5	3
4	2	2	14	3	4
5	5	2	15	3	4
6	5	2	16	4	4
7	5	2	17	4	4
8	2	3	18	3	5
9	2	3	19	3	5
10	4	3	20	3	5

　このデータを測定機器による数値データと同じように扱い，相関係数を算出すると，"酸味"と"おいしさ"の相関係数は，0.0068となる．この数値をみる限り，"'酸味'は'おいしさ'には関係ない."という結果が得られる．

　ここで，散布図を作成するとともに，目的変数を"おいしさ"とする単回帰分析を実施してみる．

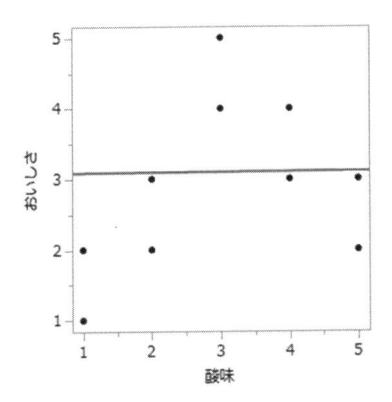

回帰式は，次のようになる．

　　　おいしさ = 3.0793 + 0.0061 × 酸味

　この回帰式の R^2（寄与率）はほとんど "0" となる．これは，強引に直線を当てはめた結果である．しかし，散布図をみると，2 次曲線の関係があることがわかる．強度をみる JAR 尺度と総合的な嗜好度の関係は，このように 2 次曲線になりやすく，その場合は，2 次式を想定した回帰分析を実施するとよい．

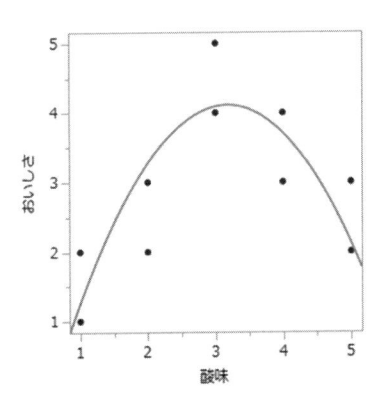

回帰式は，次のようになる．

　　　おいしさ = 4.9746 − 0.2618 × 酸味
　　　　　　　　− 0.6002 × (酸味 − 3.4)^2

この回帰式の R^2（寄与率）は 0.7136 となる.

このように，2 乗して総合的な嗜好度の関係をみるというのが一つの方法である.

もう一つ考えられる方法としては，"酸味" を順序（段階）のないカテゴリ（種類）で構成される質的変数として回帰分析を実施することである．質的変数として実施すると，次のような回帰式となる.

$$\text{おいしさ} = 2.8733 - 1.3733 \times \text{酸味 1 点}$$
$$- 0.2067 \times \text{酸味 2 点}$$
$$+ 1.7267 \times \text{酸味 3 点}$$
$$+ 0.5267 \times \text{酸味 4 点}$$

この回帰式の R^2（寄与率）は 0.8307 となる．また，回帰係数から "酸味" が 3 点のときに "おいしさ" が最もよくなることを示している.

2. CATA 法と解析

【CATA 法】

"CATA 法"（Check-All-That-Apply 法）と呼ばれる官能評価で使われる方法がある．この方法は，複数の評価用語（特性）を用意しておいて，試料の特徴を感じたものにチェックを入れる方法である．チェックを入れていたら"1"，入れていなければ"0"とするデータ表が作成されることが多い．

CATA 法では，すべての評価者がすべての試料を評価する．したがって，各評価者の評価用シートは，次のような形となる．

試料	用語$_1$	用語$_2$	用語$_3$	…	用語$_m$
A$_1$					
A$_2$					
A$_3$					
…					
A$_n$					

このシートが評価者の数だけ集まり，データ表を構成することになる．

【解析方法】

試料間で各評価用語（特性）のチェックされた度数が，統計的に有意な差があるかどうかを調べるためには，"Cochran の Q 検定"を用いる．同じ評価者がすべての試料を評価するので，対応のあるデータになる．データ全体の視覚化には，"コレスポンデンス分析"が有効な解析方法となる．

■例

3 種類の洗顔料 A，B，C を用意して，各洗顔料について，"なめらか""すべすべ""しっとり""つやつや""さらさら"の五つの特性を強く感じるかど

うかを調査した．評価者は 10 人である．該当する特性を感じたときにはチェックマーク（✓）を付けてもらった．

　このデータ表（1）で ✓ が付いているところは，その洗顔料について，特に強く感じたことを示している．

　データの解析にあたり，✓ が付いているところは "1"，付いていないとこ

データ表（1）

クリーム	評価者	なめらか	すべすべ	しっとり	つやつや	さらさら
A	1	✓				
A	2	✓				
A	3	✓				
A	4	✓	✓			
A	5	✓	✓	✓		
A	6	✓	✓	✓		
A	7	✓	✓	✓	✓	
A	8	✓			✓	
A	9				✓	✓
A	10				✓	✓
B	1		✓	✓		✓
B	2		✓			✓
B	3		✓			✓
B	4		✓			✓
B	5		✓			✓
B	6		✓			✓
B	7	✓	✓	✓		✓
B	8	✓	✓	✓	✓	
B	9			✓	✓	
B	10			✓		
C	1		✓	✓		
C	2	✓	✓	✓	✓	
C	3	✓			✓	
C	4				✓	
C	5				✓	
C	6				✓	
C	7				✓	
C	8	✓			✓	✓
C	9				✓	✓
C	10				✓	✓

ろは "0" として，新たにデータ表を作り直したものが次の 0 と 1 で表したデータ表 (2) である．このデータ表 (2) を解析の対象とするのが CATA 法で収集したデータの解析となる．このデータ表は，第 8 章で紹介した三元データ表とみることも可能である．

"01" で表したデータ表 (2)

クリーム	評価者	なめらか	すべすべ	しっとり	つやつや	さらさら
A	1	1	0	0	0	0
A	2	1	0	0	0	0
A	3	1	0	0	0	0
A	4	1	1	0	0	0
A	5	1	1	1	0	0
A	6	1	1	1	0	0
A	7	1	1	1	1	0
A	8	1	0	0	1	0
A	9	0	0	0	1	1
A	10	0	0	0	1	1
B	1	0	1	1	0	1
B	2	0	1	0	0	1
B	3	0	1	0	0	1
B	4	0	1	0	0	1
B	5	0	1	0	0	1
B	6	0	1	0	0	1
B	7	1	1	1	0	1
B	8	1	1	1	1	0
B	9	0	0	1	1	0
B	10	0	0	1	0	0
C	1	0	1	1	0	0
C	2	1	1	1	1	0
C	3	1	0	0	1	0
C	4	0	0	0	1	0
C	5	0	0	0	1	0
C	6	0	0	0	1	0
C	7	0	0	0	1	0
C	8	1	0	0	1	1
C	9	0	0	0	1	1
C	10	0	0	0	1	1

このデータ表を集計して，次に示す“試料”×“特性”の分割表に整理する．

特性

試料		なめらか	すべすべ	しっとり	つやつや	さらさら
	A	8	4	3	4	2
	B	2	8	5	2	7
	C	3	2	2	9	3

　この分割表には χ^2 検定を適用することができない．なぜならば，同一人物が複数の特性にチェックを入れているからである．そこで，特性ごとに ✓ の数（“1”の数）に試料間で差があるかどうかを Cochran の Q 検定を用いて解析する．検定の結果は次のようになる．

特性

	なめらか	すべすべ	しっとり	つやつや	さらさら
P 値	0.0119	0.0302	0.4169	0.0038	0.1225

　“なめらか”“すべすべ”“つやつや”の P 値が 0.05 未満で有意となっている．これらの特性は，試料間で差が認められるということになる．

【コレスポンデンス分析】

　先に示した分割表に対してコレスポンデンス分析を適用すると，次のような散布図が得られる．

　試料 A の近くに“なめらか”，試料 B の近くに“すべすべ”と“さらさら”“しっとり”，試料 C の近くに“つやつや”が位置していて，各試料の特徴を読み取ることができる．

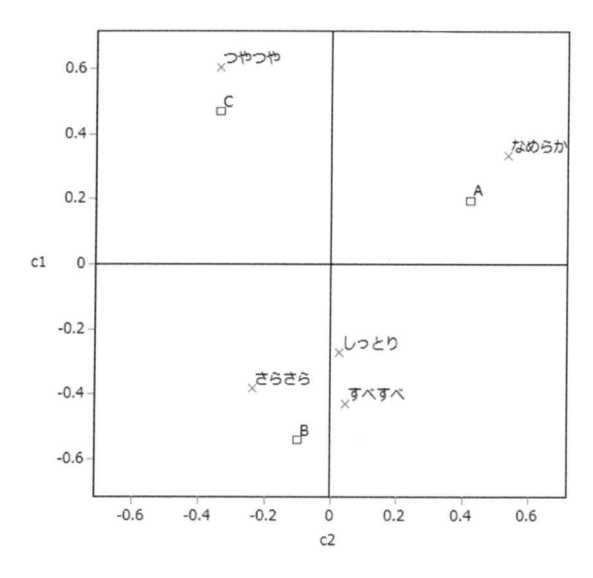

●参考●　試料ごとのコレスポンデンス分析 ────────────────

　CATA 法では，試料ごとに"評価者"×"特性"の 0 と 1 で表したデータ表
が得られる．そこで，試料ごとに 0 と 1 で表したデータ表に対して，コレス
ポンデンス分析を適用するという方法も考えられる．

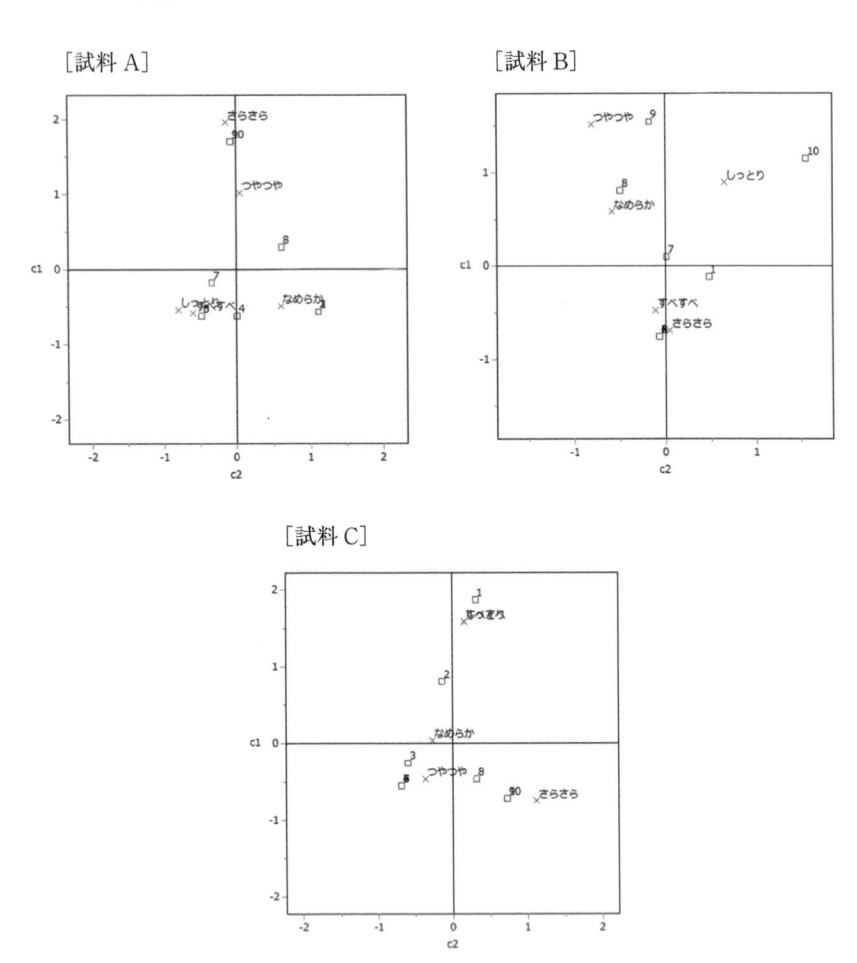

[試料 A]

[試料 B]

[試料 C]

3. MaxDiff 法

【MaxDiff 法】

MaxDiff 法は，"Best-Worst スケーリング法" とも呼ばれる．この方法は，三つ以上の試料の中から，"最も好き" と "最も嫌い" を選択するもので，順位法に比べ，回答者の負担が少なく，精度の高いデータ収集方法である．

■例

5 種類の洗顔料 A，B，C，D，E を用意して，"最も好ましい洗顔料" と，"最も好ましくない洗顔料" を評価者に選択してもらった．評価者の人数は 20 人である．この結果を一覧に整理したものが次のデータ表（1）である．

データ表（1）

評価者	A	B	C	D	E	評価者	A	B	C	D	E
1	×		○			11	×		○		
2	×				○	12	×		○		
3	×			○		13			×		○
4	×				○	14		×			○
5	×	○				15		×			○
6			×		○	16		×			○
7		×			○	17		×			○
8		×			○	18	×		○		
9				○	×	19		×			○
10	×				○	20	×		○		

注　○は最も好ましく，×は最も好ましくないと評価

このデータを解析するために，○を "1"，×を "−1"，無印を "0" と置き換えた，次のようなデータ表（2）を作成する．

付　録

データ表（2）

評価者	A	B	C	D	E	評価者	A	B	C	D	E
1	−1	0	1	0	0	11	−1	0	1	0	0
2	−1	0	0	0	1	12	−1	0	0	1	0
3	−1	0	0	1	0	13	0	0	−1	0	1
4	−1	0	0	0	1	14	0	−1	0	0	1
5	−1	1	0	0	0	15	0	−1	0	0	1
6	0	0	−1	0	1	16	0	−1	0	0	1
7	0	−1	0	0	1	17	0	−1	0	0	1
8	0	−1	0	0	1	18	−1	0	1	0	0
9	0	0	0	1	−1	19	0	−1	0	0	1
10	−1	0	0	0	1	20	−1	0	0	1	0

　上記の"1""−1""0"に置き換えたデータを MaxDiff 法で解析すると，次のような結果が得られる．

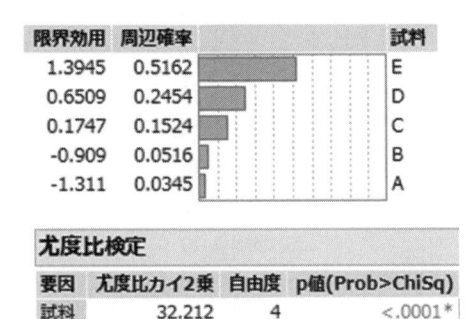

　検定の結果，試料（洗顔料）は有意となっている．これは，洗顔料に対する好みが有意に異なることを示している．

　限界効用の値が最も大きいのは試料 E で，他の試料と一緒に呈示されたときに，試料 E が最も選択される可能性が高いことを示している．周辺確率の

値は，各試料が選択される確率を示している．

　また，次のように二つの試料の間に差があるかどうかもみることができる．

　試料 D と試料 E の差の P 値は"0.14728"となっており，試料 D と試料 E には差が認められないという結果が得られている．

全水準の比較レポート

差 (行 − 列) 差の標準誤差 Wald p値	A	B	C	D	E
A	0	-0.4016	-1.4856	-1.9617	-2.7053
	0	0.46448	0.5923	0.63152	0.64312
		0.40004	0.02329	0.00679	0.00067
B	0.40159	0	-1.084	-1.5601	-2.3037
	0.46448	0	0.60267	0.63421	0.64029
	0.40004		0.09097	0.02566	0.00241
C	1.48556	1.08397	0	-0.4761	-1.2198
	0.5923	0.60267	0	0.57966	0.54772
	0.02329	0.09097		0.4235	0.04066
D	1.96168	1.5601	0.47613	0	-0.7436
	0.63152	0.63421	0.57966	0	0.48828
	0.00679	0.02566	0.4235		0.14728
E	2.70532	2.30373	1.21976	0.74363	0
	0.64312	0.64029	0.54772	0.48828	0
	0.00067	0.00241	0.04066	0.14728	

4. テキストマイニング

【官能評価とテキストマイニング】

"テキストマイニング"とは，文章を"自然言語処理"と呼ばれる解析手法を用いて，有益な情報を抽出することである．テキストを単語で区切り，単語の出現頻度や単語同士の関係性などを把握することが目的となる．

■例

2種類のトマトを試食してもらい，感想を自由に書いてもらう調査を行った．その結果，次のような感想文が集まっている．

評価者	品種	感想文
1	A	赤くてきれいな色．艶がある．
2	A	きれいで艶があった．
3	A	きれい．艶がある．
4	A	艶がある．
5	A	柔らかい．きれいで艶がある．
6	A	艶がある．柔らかい．
7	A	柔らかくて甘い．
8	A	きれい．柔らかい．甘い．
9	A	赤くてきれいだ．艶がある．甘かった．
10	A	きれいな色．柔らかい．甘い．
11	B	薄くて青い．
12	B	青い．薄い．
13	B	青い．くすんだ色だ．
14	B	くすんだ色だ．硬すぎる．
15	B	硬すぎる．
16	B	酸っぱい．
17	B	薄い．硬すぎる．酸っぱい
18	B	青い．薄い．
19	B	薄い．青い．
20	B	薄くてくすんでいる．酸っぱい．

　このような文章を解析して，情報を要約化，視覚化するための方法が“テキストマイニング”である．この感想文（文章）をテキストマイニングで分析した結果の一例が次の“ネットワーク図”である．

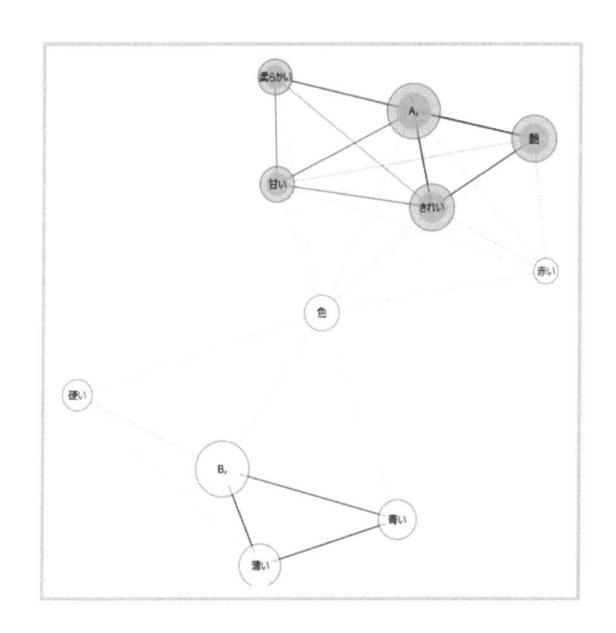

　文章から抽出された言葉について，関係のある言葉同士が線で結ばれている．このような図は，“共起ネットワーク”と呼ばれている．信頼性の高い共起ネットワークを作成するためには，多くのデータ量を必要とする．本例は，あくまでもテキストマイニングを説明するための架空例で，$n = 20$ 程度ではデータが足りないことに注意が必要である．

　このテキストマイニングの手法は，官能評価における評価用語（特性）を決めるときにも非常に有効な手法である．

5.　一対比較法と解析

【一対比較法】

官能評価の分野では，三つ以上の試料に何らかの順位付けをするときに，すべてを同時に評価することが困難な場合がある．このようなときは，"一対比較法"という評価方法が有効である．一対比較法は，試料を二つずつペアにして比較をして，最終的な順位を決める方法である．

一対比較法は，二つの試料 A_i と A_j を比べたとき，A_i は A_j に比べて，どの程度好ましいかを"採点法"（例えば，5段階）で評価する場合と，単に二つの試料のうち，どちらが好ましいかの"優劣だけ"（二者択一）を評価する場合に大別される．程度を評価する場合の方法として"シェッフェの方法"があり，例えば，次のような5段階が使われる．

A_i は A_j に比べて，

非常に優れている	→	+2
優れている	→	+1
同程度	→	0
劣っている	→	−1
非常に劣っている	→	−2

なお，シェッフェの方法は，必ず5段階というわけではなく，7段階もよく使われている．なお，同程度，いわゆる"引き分け"も許すというのも特徴の一つである．

シェッフェの方法は，二つの試料を評価するときに，評価する順序も考慮することと，評価者一人が1組の評価しか行わないことが原則である．例えば，試料 A_1 と試料 A_2 の比較をした評価者は，試料 A_1 と試料 A_3 の評価は行わない．この原則に対して，試料を評価する順序を無視する場合（試料 A_1 と試料 A_2 を同時に評価できる）や，どの評価者もすべての組合せの評価を行うという，原法を変えた変法も用意されている．それらの方法は，シェッフェの方法に対

して，“芳賀の変法”“浦の変法”“中屋の変法”と呼ばれて使われている．それぞれの特徴を次の表に整理しておこう．

	一人の評価者が評価する組数	順序効果の考慮
シェッフェの方法	1	あり
芳賀の変法	1	なし
浦の変法	全組合せ	あり
中屋の変法	全組合せ	なし

　一対比較法において，二つの試料 A_i と A_j を比べて，単にどちらが好ましいかの優劣だけ（二者択一）を評価する方法として，“サーストンの方法”と“ブラッドレーの方法”がある．この二つの方法は，どちらも順序効果を考慮していないことと，引き分けを許さないことである．二つの方法の違いは解析方法の違いであり，多変量解析の方法を適用しやすいのはブラッドレーの方法であり，ロジスティック回帰分析により解析することができる．

■例

　五つの食品 A_1, A_2, A_3, A_4, A_5 を二つずつペアにして，50 人の評価者に，どちらが好ましく感じるかを回答させた．その結果をまとめたものが次の表である．

	A_1	A_2	A_3	A_4	A_5
A_1	—	32	23	14	21
A_2	18	—	10	9	13
A_3	27	40	—	17	27
A_4	36	41	33	—	28
A_5	29	37	23	22	—

この表は,

A_1 と A_2 を比べたとき,好ましいのは,A_1 が 32 人,A_2 が 18 人

A_1 と A_3 を比べたとき,好ましいのは,A_1 が 23 人,A_3 が 27 人

A_1 と A_4 を比べたとき,好ましいのは,A_1 が 14 人,A_4 が 36 人

A_1 と A_5 を比べたとき,好ましいのは,A_1 が 21 人,A_5 が 29 人

A_2 と A_3 を比べたとき,好ましいのは,A_2 が 10 人,A_3 が 40 人

…

というように読み取る.このデータをロジスティック回帰分析で解析するには,次のように書き換える.なお,変数 Y の"勝ち"は好ましいこと,"負け"は好ましくないことを表現している.

データ表

Y	N	A_1	A_2	A_3	A_4	A_5
勝ち	32	1	-1	0	0	0
勝ち	23	1	0	-1	0	0
勝ち	14	1	0	0	-1	0
勝ち	21	1	0	0	0	-1
勝ち	18	-1	1	0	0	0
勝ち	10	0	1	-1	0	0
勝ち	9	0	1	0	-1	0
勝ち	13	0	1	0	0	-1
勝ち	27	-1	0	1	0	0
勝ち	40	0	-1	1	0	0
勝ち	17	0	0	1	-1	0
勝ち	27	0	0	1	0	-1
勝ち	36	-1	0	0	1	0
勝ち	41	0	-1	0	1	0
勝ち	33	0	0	-1	1	0
勝ち	28	0	0	0	1	-1
勝ち	29	-1	0	0	0	1
勝ち	37	0	-1	0	0	1
勝ち	23	0	0	-1	0	1
勝ち	22	0	0	0	-1	1

データ表（続き）

Y	N	A_1	A_2	A_3	A_4	A_5
負け	18	1	-1	0	0	0
負け	27	1	0	-1	0	0
負け	36	1	0	0	-1	0
負け	29	1	0	0	0	-1
負け	32	-1	1	0	0	0
負け	40	0	1	-1	0	0
負け	41	0	1	0	-1	0
負け	37	0	1	0	0	-1
負け	23	-1	0	1	0	0
負け	10	0	-1	1	0	0
負け	33	0	0	1	-1	0
負け	23	0	0	1	0	-1
負け	14	-1	0	0	1	0
負け	9	0	-1	0	1	0
負け	17	0	0	-1	1	0
負け	22	0	0	0	1	-1
負け	21	-1	0	0	0	1
負け	13	0	-1	0	0	1
負け	27	0	0	-1	0	1
負け	28	0	0	0	-1	1

　Y（勝ち負け）を目的変数，A_1，A_2，A_3，A_4，A_5 を説明変数とするロジスティック回帰分析を実施すると，次のような結果が得られる．このとき，切片を 0 としている．

＜回帰係数＞

パラメータ推定値				
項		推定値	標準誤差	カイ2乗	p値(Prob>ChiSq)
A1	バイアスあり	-0.3503503	0.1298972	7.27	0.0070*
A2	バイアスあり	-0.8178647	0.1345739	36.94	<.0001*
A3	バイアスあり	-0.1668956	0.1293564	1.66	0.1970
A4	バイアスあり	0.41427597	0.1325183	9.77	0.0018*
A5	ゼロ	0	0	.	.

推定値は次の対数オッズに対するものです：勝ち/負け

A_1 から A_5 の推定値をプロットすると，次のようになる．A_4 が最も好まれていることが示されている．

| | | | A₂ | | | A₁ | A₃ | A₅ | | A₄ | |

<単純な解析>

単純に"勝ち数"と"負け数"の合計を算出すると，次のようになる．

	勝ち数	負け数	勝 率
A_4	135	65	0.675
A_5	111	89	0.555
A_3	101	99	0.505
A_1	90	110	0.450
A_2	63	137	0.315

6. 距離と多次元尺度構成法

【距離行列】

三つ以上の試料がどの程度似ているかを直接評価して，どの試料とどの試料が似ているか，あるいは似ていないかを視覚化することを考える．似ている度合いの評価については，一対比較法と同様に，試料を二つずつペアにして比較をして，"似ている度合い"を点数付けする方法がよく用いられる．例えば，次のような採点法である．

全く同じ	→	0
非常に似ている	→	1
かなり似ている	→	2
まあ似ている	→	3
あまり似ていない	→	4
非常に似ていない	→	5
全く似ていない	→	6

いま，A，B，C，D，E，F，Gの七つの試料があるとすると，AとBの似ている度合いは2，AとCは3，…，EとFは6というように，点数を付けるのである．このような評価結果がn人の評価者から得られたならば，その平均値を二つの試料の"距離"と定義する．この結果を次のように整理する．

試料	A	B	C	D	E	F	G
A							
B							
C							
D							
E							
F							
G							

　この行列内の空欄には，各試料の似ている度合いの採点結果が入る．具体的には，全評価者の採点結果の平均値で埋められる．この行列内の数値は，大きな値ほど似ていなくて離れていることから，"距離行列"と呼ばれている．

　この行列を解析して，試料間の布置図を作成して，似ている度合いを視覚化する多変量解析の手法として"多次元尺度構成法"（Multi-Dimensional Scaling：MDS）がある．なお，距離行列とは反対に，大きな値ほど似ているという値を使ったときは"類似度行列"と呼ばれている．

■例

　七つの試料（チーズ）A，B，C，D，E，F，Gを二つずつペアにして，5人の評価者に，似ている度合いを評価させ，その結果を表にしたものが次の表である．

データ表

組番号	試料1	試料2	評価者1	評価者2	評価者3	評価者4	評価者5	平均値
1	A	B	1	1	1	1	0	0.8
2	A	C	3	4	4	3	4	3.6
3	A	D	1	1	2	1	1	1.2
4	A	E	5	4	5	5	6	5.0
5	A	F	4	4	5	5	6	4.8
6	A	G	0	0	0	0	1	0.2
7	B	C	3	4	5	5	4	4.2
8	B	D	1	1	1	0	0	0.6
9	B	E	4	3	4	5	4	4.0
10	B	F	4	5	5	5	3	4.4
11	B	G	1	1	1	2	1	1.2
12	C	D	4	5	5	5	6	5.0
13	C	E	2	2	1	3	1	1.8
14	C	F	2	2	2	1	1	1.6
15	C	G	4	4	4	3	4	3.8

データ表（続き）

組番号	試料 1	試料 2	評価者 1	評価者 2	評価者 3	評価者 4	評価者 5	平均値
16	D	E	5	5	5	5	5	5.0
17	D	F	4	4	5	5	4	4.4
18	D	G	1	1	1	1	2	1.2
19	E	F	0	0	0	0	1	0.2
20	E	G	4	4	3	4	4	3.8
21	F	G	3	3	4	3	5	3.6

この表は，例えば，試料 A と試料 B を比べたとき，

　　　評価者 1 は 1（非常に似ている）

　　　評価者 2 は 1

　　　評価者 3 は 1

　　　評価者 4 は 1

　　　評価者 5 は 0（全く同じ）

と評価者したことを示している．そして，その平均値が 0.8 となっている．

このようにして求めた平均値を使って距離行列をつくると，次のようになる．

試料	A	B	C	D	E	F	G
A		0.8	3.6	1.2	5.0	4.8	0.2
B	0.8		4.2	0.6	4.0	4.4	1.2
C	3.6	4.2		5.0	1.8	1.6	3.8
D	1.2	0.6	5.0		5.0	4.4	1.2
E	5.0	4.0	1.8	5.0		0.2	3.8
F	4.8	4.4	1.6	4.4	0.2		3.6
G	0.2	1.2	3.8	1.2	3.8	3.6	

　このデータを多次元尺度構成法で解析すると，次のような試料の布置図を作成することができる．

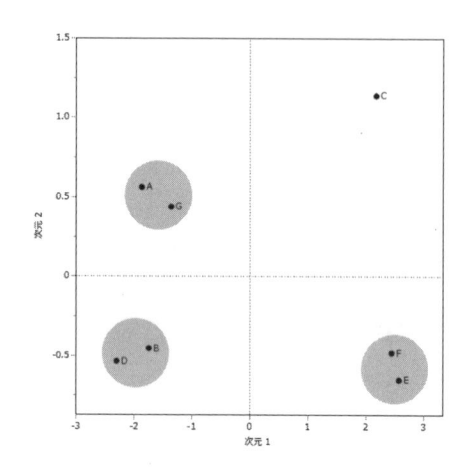

　試料Ａと試料Ｇ，試料Ｂと試料Ｄ，試料Ｅと試料Ｆが互いに似ていることがわかる．試料Ｃと似た試料はなさそうである．

　多次元尺度構成法の結果は，次のような類似度の実測値と予測値の散布図やストレス，R^2 の値で評価する．ストレスは小さいほど，R^2 は大きいほど良好な結果を示している．

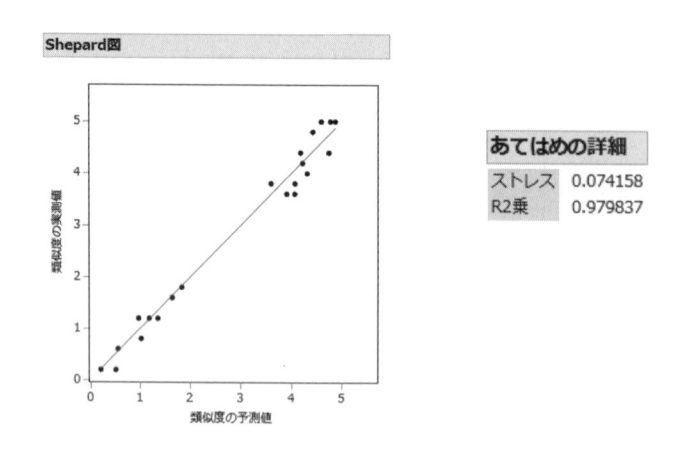

参考文献

1) 佐藤信（1978）：官能検査入門，日科技連出版社
2) 佐藤信（1985）：統計的官能検査法，日科技連出版社
3) 内田治，平野綾子（2012）：官能評価の統計解析，日科技連出版社
4) 内田治（2024）：官能評価の計画と解析，日科技連出版社
5) ペル・リー著，内田治，秋田カオリ共訳（2010）：官能評価データの分散分析：パネルを使った実験の計画から解析まで，東京図書
6) 天坂格郎，長沢伸也（2000）：官能評価の基礎と応用：自動車における感性のエンジニアリングのために，日本規格協会
7) David Kilcast（2010）：Sensory Analysis for Food and Beverage Quality Control: A Practical Guide（Woodhead Publishing Series in Food Science, Technology and Nutrition），Woodhead Publishing
8) Tormod Næs, Paula Varela, Ingunn Berget（2018）：Individual Differences in Sensory and Consumer Science: Experimentation, Analysis and Interpretation（Woodhead Publishing Series in Food Science, Technology and Nutrition），Woodhead Publishing
9) Sarah E. Kemp, Joanne Hort 他（2018）：Descriptive Analysis in Sensory Evaluation, Wiley-Blackwell
10) John A. Bower（2013）：Statistical Methods for Food Science: Introductory Procedures for the Food Practitioner, Blackwell Pub
11) Rebecca Bleibaum（2021）：Descriptive Analysis Testing for Sensory Evaluation: MNL13-2nd, ASTM
12) Jean-François Meullenet, Rui Xiong 他（2007）：Multivariate and Probabilistic Analyses of Sensory Science Problems（Institute of Food Technologists Series），Wiley-Blackwell
13) Herbert Stone, Rebecca N. Bleibaum（2020）：Sensory Evaluation：第 5 版, Practices, Academic Press
14) David H. H. Lyon（2013）：Guidelines for Sensory Analysis in Food Product Development and Quality Control, Springer
15) T. Nae, E. Risvik（1996）：Multivariate Analysis of Data in Sensory Science（Volume 16）（Data Handling in Science and Technology, Volume 16），Elsevier Science
16) Gail Vance Civille, B. Thomas Carr（2015）：Sensory Evaluation Techniques, CRC Press

17) Sebastien Le, Thierry Worch（2014）：Analyzing Sensory Data with R, Chapman & Hall/CRC

18) Jian Bi：Sensory Discrimination Tests and Measurements（2015）：Sensometrics in Sensory Evaluation；第 2 版，Wiley-Blackwell

19) Herbert Stone, Rebecca N. Bleibaum 他（2012）：Sensory Evaluation Practices（Food Science and Technology）；第 4 版，Academic Press

20) Jean-François Meullenet, Rui Xiong 他（2007）：Multivariate and Probabilistic Analyses of Sensory Science Problems（Institute of Food Technologists Series）, Wiley-Blackwel

21) T. Naes, E. Risvik（1996）：Multivariate Analysis of Data in Sensory Science（Volume 16）(Data Handling in Science and Technology, Volume 16）, Elsevier Science

22) ISO 8587:2006, Sensory analysis – Methodology – Ranking

23) ISO 8588:2017, Sensory analysis – Methodology – "A" - "not A" test

索　　引

0-9

01 データ表　　102
1 対 2 点識別法　　13
1 点識別法　　14
1 点嗜好法　　14
1 変量　　25，121
　　──の解析　　25，28
2 × 2 分割表　　69
2 次元データ　　82
2 値データ表　　102，107
2 点識別法　　12，58
2 点嗜好法　　12，16，64
2 変量の解析　　25，26，28
3 点識別法　　13
3 点嗜好法　　13

A

AIC　　50
Akaike's Information Criterion　　50
Anderson-Darling 検定　　46
ANOVA　　119
A 非 A 試験法　　14

B

Best-Worst スケーリング法　　163

C

CATA 法　　102，157
Check-All-That-Apply 法　　102，157
Cochran の Q 検定　　108，157

H

Hotelling-Lawley のトレース　　120

K

k-means クラスター分析　　100

L

Logit　　57

M

MANOVA　　120
MaxDiff 法　　163
MDS　　116，174

P

Partial Least Squares regression　　32，52
Pillai のトレース　　120
PLS 回帰　　32，52
P 値　　35

Q

QDA 法　　15

R

R^2　　35
Roy の最大根　　120

S

Shapiro-Wilk 検定　　46

T

t 検定　　17

V

VIF　　45

著者略歴

内田　治 （うちだ　おさむ）

　東京情報大学，東京農業大学，日本女子大学　非常勤講師
　データ解析コンサルタント

【主な著書】

　"ビジュアル品質管理の基本 [第 5 版]"，日本経済新聞出版社，2016 年
　"SPSS によるノンパラメトリック検定"，オーム社，2014 年
　"Excel によるアンケート分析"，東京図書，2020 年
　"アンケート調査の計画と解析"，日科技連出版社，2022 年
　"官能評価の計画と解析"，日科技連出版社，2024 年
　　ほか多数

わかりやすい官能評価と多変量解析の本

2024 年 12 月 20 日　　　第 1 版第 1 刷発行

著　者　内田　治

発行者　朝日　弘

発行所　一般財団法人 日本規格協会
　　　　〒 108-0073　東京都港区三田 3 丁目 11-28 三田 Avanti
　　　　https://www.jsa.or.jp/
　　　　振替　00160-2-195146

製　　作　日本規格協会ソリューションズ株式会社

制作協力・印刷　日本ハイコム株式会社

● 当会発行図書，海外規格のお求めは，下記をご利用ください．
JSA Webdesk（オンライン注文）：https://webdesk.jsa.or.jp/
電話：050-1742-6256　E-mail：csd@jsa.or.jp